極簡烹飪教室 1
早餐、點心與沙拉

How to Cook Everything The Basics:
All You Need to Make Great Food
Breakfast, Appetizers and Snacks, Salads

馬克·彼特曼
Mark Bittman

目錄

如何使用本書

《極簡烹飪教室》全系列不只是食譜，更含有系統性教學設計，可以簡馭繁，依序學習，也可運用交叉參照的設計，從實作中反向摸索到需要加強的部分。

基礎概念建立

料理的知識廣博如海，此處針對每一類料理萃取出最重要的基本知識，為你建立扎實的概念，以完整發揮在各種食譜中。

做早餐

食譜名稱

本系列精選的菜色不僅是不墜的經典、深受歡迎的必學家庭料理，也具備簡單靈活的特性，無論學習與實作都能輕易上手，獲得充滿自信心與成就感的享受。

簡單介紹

一眼讀完的簡單開場，讓你做好心理準備，開心下廚！

食材

這道菜所需要的材料分量，及其形態或使用性質。

補充說明

提醒特別需要注意的細節。

菠菜義式蛋餅

Spinach Frittata

時間：30 分鐘
分量：4 人份

把蛋捲攤平在煎鍋裡時，「外加的東西」變得比蛋還重要。

- 6 顆蛋
- ½ 杯新鮮刨絲的帕瑪乳酪
- 鹽和新鮮現磨的黑胡椒
- 3 大匙橄欖油
- ½ 顆小的紅洋蔥，切碎
- 450 克的新鮮菠菜，切碎

基本步驟

以簡約易懂的方式，引導你流暢掌握時間程序，學會辨識熟度、拿捏口味，做出自己喜歡的美味料理。

1. 將金屬架放進炙烤爐，距離上方熱源約 10 公分，然後開大火預熱。在堅硬平面上敲破蛋殼，打蛋入碗。加入乳酪，撒一點鹽和黑胡椒，攪打至蛋黃和蛋白剛好混合。

2. 把橄欖油加進可置入烤箱的中型平底煎鍋（最好是不沾鍋），開中大火把油燒熱後，加入洋蔥，撒點鹽和黑胡椒並炒軟，約 3~5 分鐘。

3. 加入菠菜拌炒，直到菜葉熟軟出水。為避免炒焦可把火轉小。3~5 分鐘後，菠菜開始變乾、看似要黏鍋時，轉小火。繼續拌炒大約一分鐘左右，直到煎鍋內沒有水分，菠菜表面也裹上一層油，然後將煎鍋內的菠菜鋪散開來。

一次將好幾把菠菜丟入煎鍋裡也行，等菜子熟軟收縮就會騰出空間。

把蔬菜炒軟 菠菜剛丟進鍋裡還沒炒軟時有點難纏，請不斷拌炒到熟軟出水。

重點圖解

重要步驟特以圖片解說，讓你精準理解烹飪關鍵。

，盡量讓蔬菜分布
，煎到蛋液的底部
流動的狀態。需時

為放進炙烤爐 2~4
完全凝固呈現淡褐
不要烤焦。出爐時
度，請務必小心。
楔形即可上桌，也
到常溫再吃，都很

極簡小訣竅

▶ 若要做較厚的義式蛋餅，可用
比較小的煎鍋，轉小火並延長加
熱的時間。讓蛋剛剛好凝固即
可，火力太大底部會燒焦。
▶ 義式蛋餅很適合用於宴客，因
為可以事先做好，上桌時稍微熱
一下，或者常溫食用也很美味。
把蛋餅切成楔形擺盤，就是道體
面的開胃菜（加點番茄醬會很好
看），或切成一口大小正方，用
竹籤叉著吃。

變化作法

▶ **任何蔬菜義式蛋餅**：可以嘗試
蘆筍、櫛瓜、番茄、紅燈籠椒、
青豆仁或胡蘿蔔。如同菠菜，約
取 450 克的分量，如果蔬菜體
積稍大，可以切小一點。有些蔬
菜煮軟所需時間稍久，不過還是
可以依循步驟 2 和 3 的指示，
而烹煮時間可視情況調整，介於
5~15 分鐘之間。等蔬菜完全熟
軟、水分收乾後再加入蛋液。
▶ **其他乳酪選擇**：只要是又碎又
軟的乳酪，像是希臘菲達乳酪、
山羊乳酪或瑞可達乳酪，都可以
取代帕瑪乳酪。

變化作法

可滿足不同口味喜
好，也是百變料理的
靈感基礎。

延伸學習

每道菜都包含重要的
學習要項，若擁有一
整套六冊，便可在此
參照這道菜的相關資
訊，讓你下廚更加熟
練。*

煎鍋內不再有任
菜也顯得油油亮
加入蛋液。

加入蛋液　如果這時蔬菜還是
糾結成團（確實會如此），可
再撥平一點，但不要攪動蛋
液。如果聽到太大的滋滋聲，
火再轉小。

判斷熟度　等到周邊開始凝
固，而中央還剩一點蛋液狀，就
可以準備放入炙烤爐。

早餐　29

* 代號說明：
本 系 列 為 5 冊 + 特 別 冊，B1
代 表 第 1 冊，B2 為 第 2 冊……
B5 為 第 5 冊，S 為特別冊。

為何要下廚？

現今生活，我們不必下廚就能吃到東西，這都要歸功於得來速、外帶餐廳、自動販賣機、微波加工食品，以及其他所謂的便利食物。問題是，就算這些便利的食物弄得再簡單、再快速，仍然比不上在家準備、真材實料的好食物。在這本書裡，我的目標就是要向大家說明烹飪的眾多美好益處，讓你開始下廚。

烹飪的基本要點很簡單，也很容易上手。如同許多以目標為導向的步驟，你可以透過一些基本程序，從 A 點進行到 B 點。以烹飪來說，程序就是剁切、測量、加熱和攪拌等等。在這個過程中，你所參考的不是地圖或操作手冊，而是食譜。其實就像開車（或幾乎任何事情都是），所有的基礎就建立在你的基本技巧上，而隨著技巧不斷進步，你會變得更有信心，也越來越具創造力。此外，就算你這輩子從未拿過湯鍋或平底鍋，你每天還是可以（而且也應該！）在廚房度過一段美好時光。這本書就是想幫助初學者和經驗豐富的廚子享有那樣的時光。

在家下廚、親手烹飪為何如此重要？

▶ 烹飪令人滿足　運用簡單的技巧，把好食材組合在一起，做出的食物能比速食更美味，而且通常還能媲美「真正的」餐廳食物。除此之外，你還可以客製出特定的風味和口感，吃到自己真正喜歡的食物。

▶ 烹飪很省錢　只要起了個頭，稍微花點成本在基本烹飪設備和各式食材上，就可以輕鬆做出各樣餐點，而且你絕對想不到會那麼省錢。

▶ 烹飪能做出真正營養的食物　如果你仔細看過加工食品包裝上的成分標示，就知道它們幾乎都含有太多不健康的脂肪、糖分、鈉，以及各種奇怪成分。從下廚所學到的第一件事，就是新鮮食材本身就很美味，根本不需要太多添加物。只要多取回食物的掌控權，並減少食用加工食品，就能改善你的飲食和健康。

▶ 烹飪很省時　這本書提供一些食譜，讓你能在 30 分鐘之內完成一餐，像是一大盤蔬菜沙拉、以自製番茄醬汁和現刨乳酪做成的義大利麵、辣肉醬飯，或者炒雞肉。備置這些餐點所需的時間，與你叫外送披薩或便當然後等待送來的時間，或者去最近的得來速窗口點購漢堡和薯條，或是開車去超商買冷凍食品回家微波的時間，其實差不了多少。仔細考慮看看吧！

▶ 烹飪給予你情感和實質回饋　吃著自己做的食物，甚至與你所在乎的人一同分享，是非常重要的人類活動。從實質層面來看，你提供了營養和食物，而從情感層面來看，下廚可以是放鬆、撫慰和十足快樂的事，尤其當你從忙亂的一天停下腳步，讓自己有機會專注於基本、重要又具有意義的事情。

▶ 烹飪能讓全家相聚　家人一起吃飯可以增進對話、溝通和對彼此的關愛。這是不爭的事實。

早 餐 Breakfast

這 眞是令人開心的巧合：一天的第一餐也是最好打點的一餐，即使是最忙碌、壓力最大的早晨也可以很簡單。你撕開一包 Pop-Tart 果醬餡餅並烤熱所花的時間，其實大可煎顆蛋、倒一碗穀類燕麥片、切幾片水果，或者烤點麵包。排隊等著買一杯拿鐵咖啡的時間，也足夠你打杯蔬果昔或煮杯咖啡帶在路上喝。

做早餐還能快速提升你的烹飪技巧，同時改變你的飲食習慣。製作一份簡單的炒蛋，你能練習控制平底鍋下方的火力，讓你學著預估和辨認熟度。每切下一片水果，你能練習以刀子去皮、修整和切片。做出一批簡易的美式煎餅，你能學到測量和混合出簡單的麵糊。這些食譜能夠建立你的自信心，讓你有能力為自己或親友動手下廚，不再為了要變出一桌菜而備感壓力。

對下廚不那麼陌生的人，你也可以運用本章的點子為早餐和早午餐做出變化，並精進你的技術，或者學習新的竅門，像是練習把蛋捲包得漂亮，或試著在穀片粥裡添點新奇的食材和配料，或煮出百搭的完美水煮蛋等等。

最重要的是，做早餐能讓你的一天從廚房展開。在我看來，這就是一天最棒的開始。

做早餐

乳製品和非乳製品

有很多種選擇：

牛奶 包含無脂（脫脂）、低脂（1~2%）和全脂（通常是 3.25%）。乳脂帶來風味，所以全脂牛奶是我烹飪時的首選（事實上所有食材皆如此）。你還是可以買低脂牛奶運用在本書的食譜（除非有特別說明），盡量別用脫脂牛奶，因為這會讓菜餚的味道和質地都變稀薄。

鮮奶油 比牛奶更濃郁、乳脂含量更多。高脂和發泡鮮奶油（包含 30~36% 的乳脂）可以拿來打發，低脂鮮奶油的乳脂含量較低，而半乳鮮奶油（一半牛奶、一半鮮奶油）的乳脂含量更少，這兩者都能做出美味且乳脂狀的湯、醬汁和烘焙食物。酸奶油則更濃稠，風味也更強烈。所有鮮奶油都要緩慢加熱，沸騰會使它們結塊。

優格 牛奶經菌種發酵之後，會變濃稠且帶有酸味，有的稍淡而有的較濃。要確定標籤上有「活菌」之類的字樣，如果成分含有明膠、植物膠、安定劑、糖和香料就不要買。有全脂、低脂和無脂等種類，希臘式和地中海式優格則有一般濃度和特濃的。我選牛奶的原則也適用於優格：全脂的最好。

其他乳品 有些人無法消化牛奶（或者不喜歡牛奶），幸好有其他乳品可以搭配穀片或咖啡。你也可以用這些乳品取代食譜中的牛奶，不過要有心理準備，做出來的味道不盡相同。豆漿、米漿、堅果奶（通常是杏仁奶）、椰奶、燕麥奶和羊奶最為常見，米漿和燕麥奶的味道最中性，豆漿和羊奶的味道則最強烈。全脂椰奶的脂含量非常高，不過也有低脂的選擇。這些乳品多半都添加糖分。

楓糖漿 就像真正的橄欖油，純正的楓糖漿也是這類食材的唯一選項。其他種類的糖漿都是水加入糖、玉米糖漿和人工色素。若有疑慮，請尋找「純正楓糖漿」字樣，並仔細了解成分（不應包含人工楓糖香料）。沒錯，純楓糖漿比較貴，但也無比美味，這是大自然的禮物，其風味絕對不止甜味而已。我偏好 B 級楓糖漿，這種比較便宜、色澤較深，而且風味比 A 級楓糖漿強烈。楓糖漿冷藏可以保存好幾個月，要用時取一些微波爐加溫，或用小鍋子在爐子上加熱，也可趁著烹調其他食材時，放在流理枱上回溫。

A 級　　　　　　　B 級

適合早餐吃的肉類

好吃！培根、香腸、火腿，這就來介紹如何料理這些肉類。

在爐子上煎 把培根或香腸放在平底煎鍋裡，用中小火加熱。培根肉片可以彼此接觸甚至稍微重疊，香腸則需要保留間隙，以煎出漂亮的褐色。每隔幾分鐘就查看一下，但無需緊張兮兮。開始轉為褐色時，你會聽到聲音、聞到香味。假如有些部分太快變成褐色，把火轉小；如果沒有發出滋滋聲，則把稍微火調大。倘若鍋裡的油脂開始冒煙，讓鍋子離火數秒。肉類的底部變成褐色就要翻面。香腸中心不再是粉紅色就表示煮熟（可以用鋒利的刀子切開一條縫看看），培根則要在看起來變成你很想吃的樣子之前就起鍋，放涼時會再變得更酥脆。裝盤之前先用紙巾吸油絕對是個好主意。

火腿的煎法 在平底煎鍋內倒入薄薄一層橄欖油，以中火加熱。等油燒熱，把火腿放下去慢煎，必要時可以輕輕攪動（切成小塊時）或翻面（切片或整塊時），使之加熱均勻且稍微煎成褐色。看起來快要變乾之前就要起鍋。其實就是稍微煎成褐色和加熱而已，因為火腿原本就是熟的。

烤大批培根或香腸 烤箱預熱到230°C，在烤盤上鋪上一層培根或香腸。放入烤箱烘烤，每隔5分鐘左右查看一下，偶爾翻面。烘烤過程中，可稍微傾斜烤盤，用湯匙舀出多餘油脂，或拿出烤盤將油倒出。待培根或香腸轉為褐色，而且不再黏在烤盤上，就表示可以翻面了。全部的烘烤時間約為20~30分鐘，視分量多寡和你喜歡烤到什麼程度而定。

燕麥或
其他穀片粥

Oatmeal or Other Hot Cereal

時間：15 分鐘
分量：2 人份

各式穀片粥的調製方式都一樣，只要調整水量，便可讓口感更滑順或濃稠。

- 少許鹽
- 1 杯燕麥片（非即溶）
- 1 大匙奶油，非必要
- 楓糖漿、糖或蜂蜜，視個人口味而定
- 牛奶、鮮奶油或半乳鮮奶油，非必要
- ½ 杯葡萄乾，或者任何切碎的果乾或新鮮水果，非必要
- ¼ 茶匙肉桂粉，非必要

1. 在中型醬汁鍋裡加入 2¼ 杯水、鹽和燕麥，然後開大火。等水煮滾後，轉小火，一邊攪拌，等到燕麥吸飽水分，開始冒出大氣泡為止，過程約 5 分鐘。如果你喜歡的話，這時加入奶油攪拌一下，然後蓋上鍋蓋，鍋子離火。

2. 燜 5 分鐘後打開鍋蓋攪拌。撒一點增加甜味的材料，再倒一些牛奶，然後依個人喜好撒上水果和肉桂粉。攪拌一下，嘗嘗味道，需要的話再多加一點甜味，就可以上桌。

我喜歡吃滑順一點的燕麥片。如果喜歡稠一點，水可以少加 1/4 杯。若要真的很濃稠，可少放 1/2 杯水。

在水裡加鹽 從冷水開始煮，並先加一點鹽，即使打算煮成甜粥也一樣。

熬煮變稠 煮滾了就把火關小，讓鍋內溫和地沸騰冒泡。

靜置時間 變濁、變稠後便加入奶油、蓋上鍋蓋，鍋子離火靜置，燕麥會慢慢變滑順。

極簡小訣竅

▶ 我得再三強調，千萬不要用即溶燕麥片，無論哪道菜都一樣。溶燕麥片幾乎毫無風味，也省不了多少時間。

▶ 你可以挑燕麥粒和其他穀類，例如布格麥（布格麥）、藜麥或玉米粉，同樣照這份食譜來煮，只是需要多花一點時間。持續熬煮、攪拌和試吃，如果口感太濃稠就加點水，直到穀類變軟為止。

▶ 如果希望隨時都有穀片粥可以吃，不妨一次煮 3 倍分量，沒吃完的部分可放冰箱冷藏，最多可保存一週，想吃的時候以微波爐加熱即可。

變化作法

▶ **美式粗玉米粉**：這是美國南方人的最愛，將乾燥的玉米粒碾碎之後磨成粗粉。這種粗玉米粉吃起來有墨西哥薄餅的滋味，大多數超市都可以找到。再叮嚀一次，不要買即溶的。在食譜步驟 **1** 中以粗玉米粉取代燕麥，並將水量增加到 2½ 杯。先攪拌均勻到沒有結塊才開火。開中大火，不時攪拌，快沸騰時轉小火，維持微微冒泡狀態繼續熬煮。一直攪拌到粥體變稠且冒出大氣泡為止，過程約 10~15 分鐘（熬煮的時候，要維持糊狀，所以必要時可以加水，一次 2 大匙）。

接著加入奶油，蓋上鍋蓋，後續則依照食譜步驟。你也可以幫玉米粥添點甜味，或加入一些刨碎的切達乳酪。

延伸學習

格蘭諾拉什錦燕麥片／瑞士什錦麥片

Granola and Muesli

時間：10~45 分鐘（加上放涼的時間）
分量：約 8 杯

格蘭諾拉什錦燕麥片有烤過，瑞士什錦麥片則未經烘烤。不管哪種，你都可以按自己的喜好做。

- 6 杯燕麥片
- 2 杯切碎的堅果（核桃、美洲山核桃、杏仁、腰果等）
- 1 杯無糖椰子粉
- 1 茶匙肉桂粉，或看個人口味
- 少許鹽
- ½ 杯壓實的紅糖粉，或者蜂蜜或楓糖漿，或依個人口味添加
- 1 杯葡萄乾或切碎的果乾

1. 如果是做格蘭諾拉什錦燕麥片，烤箱先預熱到 175°C。

2. 取一個大碗，加入並混拌燕麥、堅果、椰子粉、肉桂和鹽。若是做瑞士什錦麥片，請撒上紅糖與葡萄乾即成。如果是做格蘭諾拉什錦燕麥片，則淋上蜂蜜或楓糖漿。記得徹底攪拌，使甜味材料分布均勻。如果喜歡甜一點，就多加一點甜味。

3. 做格蘭諾拉什錦燕麥片時，將攪拌後的混合穀片均勻鋪在帶邊淺烤盤裡，放入烤箱烤 30~35 分鐘，偶爾攪拌一下，以確保烘烤均勻。在不烤焦的前提下，色澤越偏褐色，口感就越爽脆耐嚼。

4. 從烤箱裡取出烤盤，撒上葡萄乾後靜置冷卻，這時烤盤還相當燙，因此冷卻過程中必須經常攪拌，以免麥片粥被烤盤燙焦。將格蘭諾拉什錦燕麥片（或瑞士什錦麥片）用湯匙舀入密封容器內，放冰箱冷藏，可以保鮮好幾個月。

這就是瑞士什錦麥片：加入葡萄乾就完成了。

輕輕拌勻　目的是讓紅糖、燕麥和其他材料混合均勻。

甜味的替代物　製作格蘭諾拉什錦燕麥片時不用紅糖，而是加入蜂蜜或楓糖漿輕拌均勻。

格蘭諾拉

瑞士

極簡小訣竅

▶ 自己做的麥片絕對比盒裝或袋裝的市售麥片都要好吃,而且又便宜。未經加工的燕麥不僅滋味絕佳,而且光格蘭諾拉什錦燕麥片和瑞士什錦麥片就會讓你百做不厭,因為只要換用不同的堅果和水果、甜味材料,就能帶給你無與倫比的獨特口味。

▶ 格蘭諾拉什錦燕麥片剛從烤箱拿出來的時候好像很硬,其實不必擔心,在烤盤裡放涼之後就會變脆。

變化作法

1. 變換堅果或果乾。我喜歡單一的口味,所以不會混用一種以上的堅果或水果,但每個人口味不同,當然可以混搭。可以試試這幾種果乾:蔓越莓、山杏、藍莓、鳳梨或無花果。

2. 除了肉桂粉,也可以嘗試加入 ¼ 茶匙現磨的肉豆蔻或多香果,或者 ½ 茶匙的小豆蔻粉或薑粉。

3. 不加椰子粉,改為多加一點燕麥、堅果或水果。

延伸學習 ───────

切碎堅果	S: 27
楓糖漿	B1: 10

瑞士什錦變格蘭諾拉 把麥片確實平鋪在烤盤上,不要鋪得太薄,否則會烤焦。

均勻烘烤 隨時注意烘烤狀態,每隔幾分鐘就撥動一下。在快烤到你想要的色澤之前就可拿出烤盤,邊撥動邊冷卻。

香莢蘭
桃子果昔

Vanilla-Peach Smoothie

時間：5 分鐘

分量：2 大份或 4 小份

何不每天變換不同口味呢？

- 2 杯優格
- ½ 杯橙汁，需要的話可多加一點
- ½ 茶匙香莢蘭精
- ½ 根冰凍香蕉，非必要
- 2 杯無糖漬的冷凍桃子，切片或切成
  小塊

1. 先把優格、橙汁、香莢蘭精和香蕉
   （如果你要加的話）放進果汁機，
   最後再放桃子。

2. 一開始的時候先間歇攪打，再轉為
   持續攪打，直至滑順為止。如果
   太稠，可以多加一點橙汁。現打現
   喝，最好用冰透的杯子盛裝，或者
   加入冰塊後再倒入果昔（若加入的
   是冰凍香蕉，應該夠冰了）。

加入一整根冰凍香蕉，就
能取代優格，做出非常濃
郁、不含乳製品的果昔。

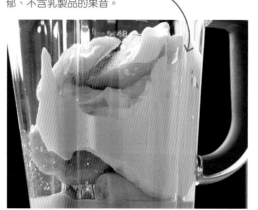

分層放入食材 先放液體和香
蕉，再放其餘的水果（如果
水果沒有預先冷凍，就加冰
塊），使用果汁機的攪打效果
最好。

攪打成果昔 如果要降低稠
度，可以多加一點液體，再蓋
回蓋子打勻。

極簡小訣竅

▶ 手邊沒有冰凍水果可用？先放入果汁（可加可不加）和新鮮水果打勻，再加入幾顆冰塊也是可行（但不要先丟冰塊，否則機器會很難打動）。

變化作法

▶ **芒果薑汁果昔**：2 杯芒果，1根冰凍香蕉，1 杯白葡萄汁，再加兩片去皮的新鮮薑片。

▶ **柳橙鮮奶油果昔**：2 杯橙汁，1 杯希臘優格，1 杯冰塊和 1 根冰凍香蕉。

▶ **櫻桃哈密瓜果昔**：1 杯去核櫻桃，1 杯洋香瓜或蜜露瓜切塊（冰凍或新鮮皆可），1 根冰凍香蕉和 1 杯橙汁。

▶ **鳳梨椰汁果昔**：2 杯鳳梨切塊（冰凍或新鮮皆可），1 根冰凍香蕉，½ 杯椰奶，½ 杯水或鳳梨汁。

▶ **草莓香莢蘭果昔**：4 杯草莓（冰凍或新鮮皆可），1 杯優格，½ 茶匙香莢蘭精，需要的話可加水或白葡萄汁。

▶ **藍莓檸檬果昔**：2 杯藍莓（冰凍或新鮮皆可），1 根冰凍香蕉，2 大匙新鮮檸檬汁混合 ½ 杯橙汁，可酌加蜂蜜或糖。

延伸學習

蛋的基本知識

蛋黃微熟和半熟的水煮蛋

把蛋放入水中 選擇適當的湯鍋，可把你要煮的蛋全部輕輕鬆鬆裝進去，而且鍋裡的水面可以蓋過蛋的上方約5公分。先把水煮滾，然後調整火力，讓滾水溫和地沸騰冒泡。用湯匙把一顆顆蛋放入鍋底，然後輕輕移開湯匙，不要讓蛋用力碰撞鍋底或鍋邊。

維持溫和地沸騰冒泡 調整火力，不要讓水劇烈沸騰。接著讓蛋煮個 3~7 分鐘，依你想吃的熟度而定。手邊要有計時器，因為蛋殼裡面的狀態變化得相當快（下一頁的照片會讓你對熟度比較有概念）。

讓水煮蛋冷卻下來 到了你預計的時間，在鍋子裡倒入冷水，直到你能夠拿起蛋、不覺得太燙為止。拿出一顆蛋，敲破蛋殼，用湯匙把蛋挖到小碗內（或者盛在蛋殼裡直接吃掉也行），或者如果蛋白夠扎實，就剝除蛋殼。只要撒點鹽和胡椒即可上桌。

購買雞蛋

▶ 你會希望盡可能用最新鮮的蛋，但是說的比做的容易，這都是因為一種令人困惑且沒有意義的標示系統（若想知道更多資訊，參見第四冊 307 ●頁「有關雞肉的行話」）。可以的話，想辦法找到本地生產的雞蛋。無論你選擇哪一種，一定要仔細查看保存期限，應該至少要兩週之後。

▶ 只買大顆或超大顆的蛋，因為用這種大小的雞蛋，才能讓這本書的食譜（以及其他大部分食譜）做出最好的效果。買了蛋回到家，將整個蛋盒放入冰箱冷藏室裡溫度最低的地方，通常是最底層的後面（不要把蛋放在冰箱門上的可愛小盒裡）。以這種方式存放，你打開一顆蛋就能看出好處在哪裡：真正新鮮的雞蛋會有非常扎實的蛋黃，而且會固定漂浮在蛋白液的中間高處。如果蛋黃滑來滑去而且一碰就破，變成扁平的一灘，就表示放得有點久了，不過這種蛋還是可以吃，除非發臭了。

▶ 為了不讓蛋殼掉進蛋液裡，要拿著蛋敲向平坦、堅硬的表面，以果決的動作敲擊蛋的側邊（但是不要太用力），一聽到破裂聲就不再繼續敲。

▶ 雞蛋裡面分量最多的物質是蛋白，蛋裡的蛋白質有一半以上都在蛋白裡，而且蛋白不含油脂。蛋黃則包含大部分的維生素，以及其他蛋白質和礦物質。如果發現蛋黃上面有細小的血絲，別驚慌，蛋一煮熟就再也看不出來了。假如你真的很在意，大可用刀子尖端剔除。

蛋煮好了沒？

煮蛋的過程變化飛快，來看看每隔一分鐘會有什麼樣的變化。

對我來說，最完美的水煮蛋是煮 6 分鐘。

3 分鐘微熟蛋 蛋黃完全沒有凝固且幾乎不熱，蛋白也還略呈液體狀。如果你希望蛋白非常軟，但是不再呈現液體狀，則可煮到 4 分鐘。

5 分鐘微熟蛋 你會得到略熟但還可流動的蛋黃，蛋白也有點軟。

7 分鐘半熟蛋 蛋白已完全熟透，而且幾乎凝固，不過蛋黃已有一部分變硬了。

9 分鐘全熟蛋 蛋黃和蛋白都變硬了，但是還不太乾。

11 分鐘全熟蛋 還可以吃，不過有點粉，最適合用來切碎做成沙拉。

全熟的水煮蛋

把蛋放入裝有冷水的湯鍋內 過程與微熟的水煮蛋有點不一樣。選個可以輕鬆裝入你想煮的所有蛋的鍋子，放蛋放進去，然後加入足夠的水量，讓水面蓋過蛋約 5 公分高。開中大火，讓水溫和地沸騰，然後熄火，蓋上鍋蓋。以一般的大型蛋或超大型蛋來說，大約燜 9 分鐘。

準備好冰塊水 蛋煮後好立刻冷卻，蛋黃表面就不會變成綠色（其實無害，只是不好看）。取一只中碗，裝很多冰塊和一些水。蛋泡了 9 分鐘後，改放入冰塊水裡，靜置 1 分鐘左右。然後立刻就可以吃，或者放入冰箱冷藏 1~2 週。要吃的時候，把蛋的側邊全部輕輕壓破，剝掉蛋殼，然後撒點鹽巴和胡椒。

炒蛋

Scrambled Eggs

時間：10 分鐘
分量：2~4 人份

利用這種新手也會的超簡單作法，保證可做出你喜歡的質地。

- 4 顆蛋
- 鹽和新鮮現磨的黑胡椒
- 2 大匙奶油或橄欖油

1. 在堅硬的平面敲破蛋殼，把蛋打進碗裡。撒入一點鹽和胡椒，攪打一下，直到蛋黃和蛋白剛好混合在一起。

2. 中型平底煎鍋（用不沾鍋最好）放入奶油或橄欖油，開中大火。奶油融化或橄欖油燒熱就倒入蛋液。加熱幾秒後就開始拌炒，並把黏在鍋邊的蛋液刮下。

3. 蛋液開始凝結時，有些部分看起來變乾，鍋子可以先離火拌炒，溫度不夠就再把鍋子移回爐火上繼續加熱。如果蛋液變得滑順、柔軟，帶一點點流動感，就表示完成可以上桌了。不要煮過頭，否則會太老，若你喜歡吃那樣的口感，當然無妨。

你也可以拿叉子攪打，打到顏色一致的那一刻就好。

打開蛋殼 在堅硬的平面上，果斷地敲破蛋殼（別太用力），一聽到蛋殼破裂的聲音就住手。

這樣就不會讓蛋殼掉進你要吃的蛋液裡。

攪打蛋液 剛好打勻即可，打過頭則蛋液會變成稀薄液體狀。

極簡小訣竅

▶ 加一點牛奶或鮮奶油，會讓炒蛋更柔滑，吃起來蛋味不會那麼濃。但也不要加太多，免得變稀薄，約莫每 2 顆蛋加 1 大匙。

▶ 木匙或耐熱橡皮刮刀很適合用來輕輕炒蛋。

變化作法

▶ **加入炒蛋的 11 種絕佳材料：**

1. 1 茶匙切碎、香氣濃郁的新鮮香料植物，如奧勒岡、龍蒿或百里香。

2. 1 大匙切碎、香氣溫和的新鮮香料植物，如歐芹、蝦夷蔥、細葉香芹、羅勒或薄荷。

3. 塔巴斯克辣椒醬、渥斯特烏醋醬或其他現成的醬汁，視個人口味而定。

4. ¼ 杯磨碎或剝碎的切達乳酪、山羊乳酪，或其他融化的乳酪。

5. 2 大匙刨絲的帕瑪乳酪。

6. 2 大匙切碎的青蔥。

7. ½ 杯切成小塊的煮熟蘑菇、洋蔥、菠菜或其他蔬菜。

8. ½ 杯切成小塊的煙燻鮭魚或其他煙燻魚類。

9. ½ 杯切成小塊的煮熟蝦仁、螃蟹、龍蝦或牡蠣。

10. 1~2 顆切成小塊的番茄。

11. 任何煮熟的莎莎醬，如果水分太多請瀝乾一點。

如果你打算加入其他配料，如切碎的香料植物或刨碎的乳酪等，要等到蛋剛剛開始凝結時再加。

把油燒熱 奶油開始冒泡但還沒變色，或橄欖油變稀且微微發亮時，就可以加入蛋液。

調整質地 攪拌得越勤快、火開得越小，炒蛋就會越滑順。不時讓鍋子離火和回火，是控制溫度最快的方法。

延伸學習

煎蛋

Fried Eggs

時間：10 分鐘

分量：1~2 人份

幾乎像水波蛋一樣細嫩（也不會讓你手忙腳亂），而且很適合搭配所有的菜餚。

- 1 大匙奶油或橄欖油
- 2 顆蛋
- 鹽和新鮮現磨的黑胡椒

1. 中型平底煎鍋（用不沾鍋最好）放入奶油或橄欖油，開中大火。奶油融化或橄欖油燒熱時，讓油在鍋子內流動，直到整個鍋內都覆上一層油。

2. 1 分鐘後，奶油的氣泡消退，或橄欖油微微發亮時，便打蛋下鍋。當蛋白不再呈透明狀態（只花 1 分鐘），便立刻把火轉小，然後撒點鹽和胡椒。

3. 等到蛋白完全凝固，連蛋黃周圍都沒有透明蛋白時，就是煎好了（如果你喜歡讓蛋黃熟一點，則多煎 1~2 分鐘）。接著用鍋鏟把蛋輕輕鏟起，小心不要弄破蛋黃，就可上桌。

火力越小，煎出來的蛋就越軟嫩。

打蛋下鍋 在煎鍋上方約 3~5 公分處打開蛋殼。距離靠得越近，蛋黃破掉的機會就越小。

煎勻一點也不難 在蛋白最厚的地方（蛋黃周圍）戳一下，讓還沒熟的蛋白流到鍋子表面。

▶ 煎蛋用油影響大：奶油的香氣比較濃郁、細緻，而橄欖油會呈現比較複雜的泥土味。

▶ 只要鍋子容納得下，你可以一次煎好幾顆蛋，同時記得增加油脂的用量。如果蛋白全部連在一起，凝結後用鍋鏟切開即可，看起來也許沒有那麼漂亮，好處是可以讓所有人同時吃到熱騰騰的煎蛋。

變化作法

▶ **煎蛋吐司，就是蛋和吐司一起煎**：用小玻璃杯或其他圓形物體，在吐司的正中央裁出圓形的洞，用來容納一顆蛋。步驟 **1** 的奶油或橄欖油用量變成 2 倍，等油燒熱便把吐司和切下來的圓形部分放入鍋中煎 1 分鐘或再久一點。翻面後，把蛋打在吐司的洞裡。蛋開始凝固時，用鍋鏟小心幫吐司翻面，然後再煎個幾秒鐘。撒點鹽和胡椒，再與圓形吐司一起裝盤端上桌。

延伸學習

要從煎鍋中取出煎蛋或兩面都煎的半熟蛋，請把鍋鏟滑入每顆蛋底下，從煎鍋中輕輕抬起，然後讓蛋滑入盤子裡。

兩面都煎的半熟蛋　蛋白開始凝固但還沒有全熟時，用鍋鏟滑入每顆蛋下面，輕輕翻面。

水波蛋

Poached Eggs

時間：10 分鐘

分量：1~2 人份

在家裡也可做出餐廳等級的水波蛋，而且很容易上手。

· 2 顆蛋
· 鹽和新鮮現磨的黑胡椒

1. 小醬汁鍋加水到約 2.5 公分深，把水煮滾，沸騰時轉小火，讓水溫和冒泡。

2. 在堅硬的平面上敲破蛋殼，把蛋打入淺碗裡，小心不要弄破蛋黃，接著把碗傾斜讓蛋輕輕滑入水裡。

3. 水煮 3~5 分鐘，不攪動，直到蛋白凝固，在蛋黃外圍也凝成一層膜。煮得越久，蛋黃就會變得越厚。拿一支湯匙撈起蛋，把水瀝掉（如果希望蛋看起來非常漂亮，可以用剪刀把蛋白不整齊的邊緣修剪整齊）。上桌前撒點鹽和胡椒。

注意觀察水滾的狀況，需要的話隨時調整火力。

晃動湯匙時，蛋抖動得越厲害，表示蛋黃越生。

保持溫和沸騰 如果水溫不夠高，蛋白會擴散開來而無法凝固，過度沸騰的話蛋黃又會破掉。

讓蛋滑入滾水中 動作要輕柔，以免弄破蛋黃。把碗放低沒入水裡，蛋就能平順滑出。

取出水波蛋 用湯匙把每顆蛋瀝乾，再裝盤上桌。

和米飯、麵條或馬鈴薯一起吃，也很搭。

極簡小訣竅

▶ 帶殼的蛋在滾水中煮 6 分鐘也可以很完美地取代水波蛋。煮好後放入冷水中，然後壓破蛋殼輕輕剝掉，剝法如同全熟水煮蛋。

▶ 只要水中放得下，你也可以同時做好幾顆水波蛋。為了不讓蛋與蛋之間黏在一起，可以讓一顆蛋稍微凝固再放入下一顆。看好放進去的順序，撈出來時順序也要相同。

▶ 如果要做大量的水波蛋，依序放入水中後，取出時要比一般的正常時間早個 30 秒左右，然後移到裝有冰水的碗裡。上桌前再以微微滾沸的水重新加熱。

變化作法

▶ 7 種搭配水波蛋（或煎蛋）的絕佳食物：

1. 烤麵包、英式馬芬，或者切成一塊塊的玉米麵包（作法可參考第 5 冊 26 頁）

2. 輕拌蔬菜沙拉（作法可參考本書 78 頁）

3. 番茄醬（作法可參考第 3 冊 16~19 頁）

4. 一碗豆子（作法可參考第 3 冊 90 頁）

5. 大蒜橄欖油義大利麵（作法可參考第 3 冊 12 頁）

6. 白飯或加料飯（作法可參考第 3 冊 34~37 頁）

7. 煮熟的牛肉餅（作法可參考第 4 冊 16 頁）

乳酪蛋捲

Cheese Omelet

時間：15 分鐘
分量：2 人份

填入內餡和捲起來都很容易，而且 15 分鐘之內就可完成一整道主菜。

- 4 顆蛋
- 2 大匙牛奶或鮮奶油，非必要
- 鹽和新鮮現磨的黑胡椒
- 2 大匙外加 1 茶匙奶油
- ½ 杯磨碎的切達乳酪

1. 在堅硬的平面上敲破蛋殼，把蛋打進中型碗裡。如果要加牛奶就在此時加，然後一打勻就加入適量鹽和胡椒。

2. 2 大匙奶油放入中型平底煎鍋（最好是不沾鍋），然後開中大火。讓奶油在鍋中一邊融化一邊滑動，直到鍋底覆上一層油且不再冒泡。

3. 混合好的蛋液倒入鍋中，不要攪動，加熱 30 秒左右，然後用木匙或橡皮刮刀輕推鍋邊的蛋，把蛋液推向中央，同時傾斜鍋子，讓中央尚未凝固的蛋液再流向缺口。重複這樣的動作，直到蛋捲的邊緣大部分凝固、中央仍濕潤的狀態，整個過程大約 3 分鐘（如果你喜歡吃較熟的蛋，可再加熱 1~2 分鐘，直到中央完全凝固）。

4. 轉中火，然後將乳酪撒在蛋上，大多集中於中央。要捲起蛋捲時，請見圖片說明。捲起來之後，如果蛋的內部看起來還是太濕，則繼續加熱，直到蛋液不再流動。接著讓蛋捲從鍋子邊緣滑到盤子上，再把剩下的 1 茶匙奶油塗在蛋捲表面（奶油會融化），然後攔腰切開，即可上桌。

表面會不太均勻且滿是皺摺，這樣沒關係。

讓蛋捲成形 加熱蛋液時，不斷把邊緣的蛋液推向中央，然後讓鍋子傾斜，使尚未凝固的部分流到邊緣。

捲起蛋捲 刮刀從其中一側底下伸到中央處，把蛋捲對半摺起。就這樣再加熱一會，直到蛋液和裡面的乳酪全都凝固。

把蛋捲移出鍋子 等到完全凝固後，讓蛋捲從鍋子邊緣滑出，可以用刮刀幫忙。

極簡小訣竅

▶ 使用不沾鍋（或者表面有處理的鑄鐵鍋），蛋才不會黏在鍋子上。

▶ 如果要做 1 人份的蛋捲，可把每一種食材的分量減半，並用小型平底煎鍋（15~20 公分，6~8 英寸）。若是要讓蛋捲薄一點，則可用大型煎鍋（30 公分，12 英寸）。

▶ 不想把蛋煎焦又需要蛋液快速定形，除了鍋子好，倒入蛋液時鍋子也要夠熱。如果油脂開始噴濺，則把火轉小一點。

▶ 請克制塞進太多內餡的欲望，否則會很難捲起，也不容易起鍋。如果用了 4 顆蛋，內餡的量不要超過 1 杯。

變化作法

▶ **8 種適合的美味餡料：**

1. ½ 杯任何一種會稍微軟化的乳酪。

2. ½~1 杯煮熟且切碎的蘑菇、洋蔥、菠菜，或者煮熟的隔夜菜。

3. ½ 杯切成小塊的熟透番茄，要瀝乾水分。

4. ½ 杯農家乾酪或山羊乳酪。喜歡的話可混合切碎的新鮮香料植物。

5. ½ 杯切碎的火腿、煎得酥脆的培根、香腸，或其他種類的碎肉。

6. 香料植物：1 茶匙風味強烈的切碎新鮮香料植物，像是奧勒岡、龍蒿或百里香，或者 1 大匙風味溫和的香料植物，像是歐芹、細葉香芹、羅勒或薄荷。

7. 1 杯煮熟並切碎的海鮮，像是蝦、干貝、龍蝦或蟹肉。

8. ½ 杯切碎的紅燈籠椒。

延伸學習

菠菜義式蛋餅

Spinach Frittata

時間：30 分鐘
分量：4 人份

把蛋捲攤平在煎鍋裡時，「外加的東西」變得比蛋還重要。

- 6 顆蛋
- ½ 杯新鮮刨絲的帕瑪乳酪
- 鹽和新鮮現磨的黑胡椒
- 3 大匙橄欖油
- ½ 顆小的紅洋蔥，切碎
- 450 克的新鮮菠菜，切碎

1. 將金屬架放進炙烤爐，距離上方熱源約 10 公分，然後開大火預熱。在堅硬平面上敲破蛋殼，打蛋入碗。加入乳酪，撒一點鹽和黑胡椒，攪打至蛋黃和蛋白剛好混合。

2. 把橄欖油加進可置入烤箱的中型平底煎鍋（最好是不沾鍋），開中大火把油燒熱後，加入洋蔥，撒點鹽和黑胡椒並炒軟，約 3~5 分鐘。

3. 加入菠菜拌炒，直到菜葉熟軟出水。為避免炒焦可把火轉小。3~5 分鐘後，菠菜開始變乾、看似要黏鍋時，轉小火。繼續拌炒大約一分鐘左右，直到煎鍋內沒有水分，菠菜表面也裹上一層油，然後將煎鍋內的菠菜鋪散開來。

4. 把蛋液倒進 3 中，盡量讓蔬菜分布均勻。不要攪動，煎到蛋液的底部凝固而表面還可流動的狀態。需時約 8~10 分鐘。

5. 接著將整個煎鍋放進炙烤爐 2~4 分鐘，烤到蛋完全凝固呈現淡褐色，記得看好，不要烤焦。出爐時煎鍋的把手也很燙，請務必小心。把義式蛋餅切成楔形即可上桌，也可放涼一點或放到常溫再吃，都很美味。

一次將好幾把菠菜丟入煎鍋裡也行，等葉子熟軟收縮就會騰出空間。

把蔬菜炒軟 菠菜剛丟進鍋裡還沒炒軟時有點難纏，請不斷拌炒到熟軟出水。

讓水分收乾 煎鍋內不再有任何水分，而菠菜也顯得油油亮亮，此時再加入蛋液。

極簡小訣竅

▶ 若要做較厚的義式蛋餅,可用比較小的煎鍋,轉小火並延長加熱的時間。讓蛋剛剛好凝固即可,火力太大底部會燒焦。

▶ 義式蛋餅很適合用於宴客,因為可以事先做好,上桌時稍微熱一下,或者常溫食用也很美味。把蛋餅切成楔形擺盤,就是道體面的開胃菜(加點番茄醬會很好看),或切成一口大小正方,用竹籤叉著吃。

變化作法

▶ **任何蔬菜義式蛋餅:**可以嘗試蘆筍、櫛瓜、番茄、紅燈籠椒、青豆仁或胡蘿蔔。如同菠菜,約取 450 克的分量,如果蔬菜體積稍大,可以切小一點。有些蔬菜煮軟所需時間稍久,不過還是可以依循步驟 **2** 和 **3** 的指示,而烹煮時間可視情況調整,介於 5~15 分鐘之間。等蔬菜完全熟軟、水分收乾後再加入蛋液。

▶ **其他乳酪選擇:**只要是又碎又軟的乳酪,像是希臘菲達乳酪、山羊乳酪或瑞可達乳酪,都可以取代帕瑪乳酪。

延伸學習

加入蛋液 如果這時蔬菜還是糾結成團(確實會如此),可再撥平一點,但不要攪動蛋液。如果聽到太大的滋滋聲,火再轉小。

判斷熟度 等到周邊開始凝固,而中央還剩一點液狀,就可以準備放入炙烤爐。

洋蔥乳酪烤蛋

Baked Eggs with Onions and Cheese

時間：45 分鐘

分量：4~8 人份

這道蛋料理最適合招待客人，輕而易舉就能做出一大份。

- 4 大匙（½ 條）奶油或橄欖油
- 4 顆洋蔥（約 450 克）切片
- 1 杯麵包粉，最好是新鮮的
- 2 杯刨碎的格呂耶爾乳酪、芳汀那乳酪，或者其他融化型乳酪
- 8 顆蛋
- 鹽和新鮮現磨的黑胡椒
- 可搭配吐司或英式馬芬一起吃

1. 預熱烤箱至 175℃。把奶油或橄欖油放入大型平底煎鍋，開中火。奶油融化或橄欖油一燒熱就加入洋蔥拌炒，炒到非常軟但不燒焦的程度，至少 15 分鐘（適時調整火力，讓洋蔥產生溫和的滋滋聲，而且顏色不變深）。

2. 取一只寬 23 公分、長 33 公分的烘焙烤盤，讓洋蔥鋪滿烤盤底部。均勻撒上一半的麵包粉，再撒上一半的乳酪，然後用湯匙背面撥開八個凹洞。在堅硬的平面上敲破蛋殼，把每一顆蛋分別打入各個凹洞中。最後撒一點鹽和胡椒，再把剩下的麵包粉和乳酪均勻鋪上。

3. 烤 15~20 分鐘，或烤到乳酪融化且蛋白變得不透明為止。由於剛出爐的餘熱會持續加熱，這時蛋黃的晃動程度應該要比你希望的結果稍微大一些。最後再搭配吐司上桌。

蛋黃破掉其實無妨，但如果你不喜歡，可以用大湯匙舀出來，重打一顆蛋。

鋪滿底部 用你的手或大湯匙，把麵包粉和乳酪均勻撒到洋蔥上。

騰出放蛋的地方 「凹洞」不需要全都一樣大，只要能放入一顆蛋的深度即可。

把蛋放進去 在每一個凹洞上方小心打開蛋殼，輕輕放進凹洞，並盡可能讓蛋白留在蛋黃周圍。

極簡小訣竅

▶ 任何煮熟的蔬菜都可以拿來鋪底，像是烤馬鈴薯或馬鈴薯泥、菠菜或其他青菜、夏南瓜或冬南瓜、切成小塊的蘆筍，或甚至胡蘿蔔刨絲。只要煮得夠軟嫩，分量足夠鋪滿烤盤，也能製造出凹洞就行。

▶ 如果要做少一點，洋蔥分量減半，用可以進烤箱的平底煎鍋炒，然後撥開四個凹洞放入四顆蛋。烘焙時間視煎鍋大小而定，蛋熟的時間可能會比較短，所以烤 10 分鐘之後，就要開始查看狀況。

變化作法

▶ **番茄烤蛋：**用 8 顆大番茄（約 900 克）取代洋蔥。把番茄切成大塊，依步驟 **1** 煮番茄到水分全都收乾（大約要花 15 分鐘），再接著後續步驟。烤盤出爐時，可撒上 ¼ 杯切碎的新鮮香料植物作裝飾，像是歐芹、蝦夷蔥或胡荽（如果手邊有的話）。

延伸學習

法式吐司

French Toast

時間：20~30 分鐘
分量：4 人份

很別緻的早餐，也很簡單，絕不會手忙腳亂。

· 8 片或 ½ 條品質很好的吐司
· 2 顆蛋
· 1 杯牛奶
· 鹽
· 1 大匙糖，非必要
· 1 茶匙香莢蘭精，非必要
· 2 大匙奶油，或可能要更多

1. 用大型平底煎鍋（不沾鍋最好），開中小火熱鍋時，一邊準備浸泡吐司用的蛋液。烤箱也先預熱到 90°C。

2. 如果是一整條未切吐司，就切成 8 片，每片厚度不超過 2.5 公分。在堅硬的平面上敲破蛋殼，把蛋打進寬大、足以放入好幾片吐司的淺碗裡，再加入牛奶打勻，接著加一小撮鹽，如果要加糖和香莢蘭精，也在這時加入。

3. 2~3 片吐司放入 2 中，用叉子翻面，需要的話可把吐司邊緣向下壓，讓整片吐司都浸到蛋液裡。

4. 灑幾滴水到煎鍋裡，如果水珠滑過鍋面才蒸發，就表示鍋子夠熱了；如果沒有，火就轉大一點。放適量的奶油到熱好的煎鍋裡，等奶油不再冒泡，從蛋液裡夾出一片吐司，讓多餘的蛋液滴完就下鍋。重複浸泡吐司、下鍋，直到煎鍋裡放滿吐司。不要放得太擠，否則不易翻動，而且不會煎成恰當的褐色。

5. 把每一片吐司的底面都煎成漂亮的褐色，約 3~5 分鐘，可調整火力讓吐司不至於燒焦。為了均勻受熱，可移動煎鍋內吐司的位置。等到底面變成金黃色，就可以翻面煎 3~5 分鐘。起鍋後就端上桌，然後繼續煎其他吐司。或者煎好後移到可耐烤箱高溫的盤子裡，放入烤箱保溫，最多 20 分鐘。

這裡用攪拌器或叉子都可以。

製作蛋奶液 不用太久就能把雞蛋和牛奶攪打成滑順、乳狀的混合物。

極簡小訣竅

▶ 採用含有奶油和蛋的麵包,如猶太辮子麵包或法式奶油麵包,可做成柔軟、富含蛋奶味的法式吐司,並帶有酥脆的外表。想要更營養一點,可用全麥吐司。如果麵包有很大的氣孔,必須切成2.5~5 公分厚才能做成功。

▶ 略乾不新鮮的吐司很適合用來作法式吐司,因為會像海綿一樣吸飽蛋液。新鮮吐司也可以烤乾一點,有時間的話,不妨把吐司放在淺烤盤上,用 90°C 的烤箱烤個幾分鐘。

▶ 可以嘗試的配料:新鮮莓果、優格、楓糖漿、果醬、撒一把糖粉,或者淋上幾滴糖漿。

變化作法

▶ 3 種法式吐司的花樣:

1. 香莢蘭精換成一撮肉桂粉、小豆蔻、丁香、薑或肉豆蔻,可改變蛋奶液的風味。

2. 吐司浸好蛋液準備下鍋前,撒一些杏仁片或不甜的椰子粉。

3. 煎好的吐司在烤箱保溫時,另外用煎鍋融化一點奶油,放入幾片蘋果或香蕉煎 2~3 分鐘,在吐司上桌前放上去。

延伸學習

避免弄得濕濕爛爛 用叉子輕輕壓下,讓吐司浸泡均勻。吐司邊如果比較厚,會需要多花一點時間浸泡。

判斷熟度 在煎鍋內多留一點活動空間。煎到飄出吐司香味且底面轉為褐色時,就可以像翻煎餅一樣翻面了。

美式煎餅

Pancakes

時間：20~30 分鐘
分量：4~6 人份

一種簡單且容許小失誤的奶蛋糊，又可學到許多技巧。

- 2 杯中筋麵粉
- 2 茶匙發粉
- ½ 茶匙鹽
- 1 大匙糖
- 2 顆蛋
- 1½~2 杯牛奶
- 2 大匙已冷卻的融化奶油，再多準備一些（未融化的）奶油加熱用

1. 大型平底煎鍋（不沾鍋最好），開中小火熱鍋，然後一邊準備奶蛋糊。

2. 麵粉、發粉、鹽和糖倒入大碗裡拌勻。另一只小碗則加入蛋、1½ 杯牛奶、2 大匙已冷卻的融化奶油後拌勻。

3. 小碗裡的蛋液加入大碗，和乾料混合拌勻至麵粉濕潤，如果還有一點粉塊沒打散也不必太擔心。要是奶蛋糊太濃稠，可加一點牛奶。奶蛋糊越稀在煎鍋內的擴散面就越大，做出來的煎餅就越薄。

4. 灑幾滴水到煎鍋裡，如果水珠滑過鍋面才蒸發，就表示鍋子夠熱了；如果沒有，火就轉大一點。適量的奶油放入熱好的煎鍋內，等到奶油不再冒泡，將少量的奶蛋糊舀進煎鍋，做成你喜歡的任何大小的煎餅。不要攪動，加熱到邊緣開始凝固、煎餅正中央也冒出氣泡大約需 2~4 分鐘。如果煎餅加熱得太快或太慢，稍微調整火力大小。

5. 鍋鏟小心地滑到煎餅下面，看看底面是否變成褐色。如果好了就翻面，直到第二面也呈淡褐色，約煎 2~3 分鐘，然後即可上桌。

粉團

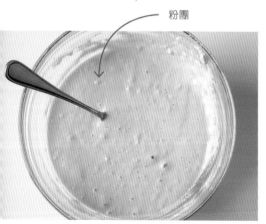

只要剛好混合即可 奶蛋糊不要過度攪拌，有一點點粉團還比較好，表示沒有攪拌過頭，否則煎餅會太硬、太韌。

判斷煎鍋的熱度 水珠停留不動表示煎鍋不夠熱，如果一下子就蒸發，則是太熱了。

留出空間 要留一點空間翻動煎餅。小一點的煎餅比較容易掌握，所以除非你夠熟練，否則每一個煎餅不要超過 ¼ 杯奶蛋糊。

▶ 第一批煎餅通常需要強一點的火，讓煎鍋熱起來。接下來的幾批就可以把火轉小，因為煎鍋本身已經具有熱度。

▶ 煎餅現吃最美味，但是你也可以用耐烤的盤子盛裝煎餅，在93℃的烤箱內保溫 15 分鐘。

▶ 如果用插電的淺煎鍋做煎餅，請將溫度設定在 175℃，需要的話調整溫度，讓奶蛋糊發出溫和的滋滋聲而不燒焦。若用煎烤盤做煎餅，則比照平底煎鍋即可。

變化作法

▶ **全麥口味煎餅：** 以玉米粉或全麥麵粉取代 ½ 杯的麵粉。

▶ **特殊風味煎餅：** 取一小撮肉桂粉或薑粉摻入奶蛋糊，或 1 大匙的碎檸檬皮或碎橙皮。

▶ **加料煎餅：** 把奶蛋糊放入煎鍋後，就撒上藍莓、香蕉切片、切碎的堅果、巧克力塊，或者格蘭諾拉什錦燕麥片。

延伸學習

偷看煎餅的底面，看看是否已呈金黃色，如果是，就翻面吧！

等待氣泡出現 如果邊緣開始凝固，聞起來也有甜甜烤吐司味而不是燒焦味，就表示煎好了。不要急著翻面，不然很容易翻破。

「開胃菜」泛指可以挑起食欲、充滿風味的小菜。我希望我做的前菜和點心有那樣的功能，但也想做得既迅速又愜意。正因如此，這些食譜非常適合基礎烹飪書。

你可以在任何一家超級市場買到大部分小菜點心，可能是罐裝、袋裝、盒裝或冷凍食品，不過一旦開始投入烹飪，你就會發現，自己手作的料理根本完勝那些加工食品。自己做的比較新鮮、美味，也沒有化學物質和添加物。而且很多例子都一樣，自己準備這些食物，並不會比你從冷凍庫拿出一盤加工食品加熱來得更花時間。

我們就從你能想像最棒的點心開始：爆玉米花和烤堅果。沒錯！就這麼簡單，更棒的是這些點心不僅深受歡迎，還能教你許多很有價值的重要烹飪技巧。接著，先挑戰一些經典的蘸醬和抹醬，以及搭配的食物，然後繼續推進到適合派對場合的菜餚、正式晚宴的前菜，甚至可作為輕鬆午晚餐的主菜。這樣一路下來，你會學到很多，如簡易開胃菜拼盤的訣竅，或有哪些是可以事先備料的。

最後，我唯一能再說的是：請準備接受排山倒海的讚美吧！不只你的朋友和家人，可能連你自己都將大為驚艷！

開胃菜和點心

Appetizers and Snacks

辦派對的訣竅！

飛快做出開胃菜

以下介紹三種風行多年的經典開胃菜拼盤，讓你可以視喜好混搭外食和自製的料理。

義式開胃菜，按喜好組合搭配

如果你去到一家義大利超市或琳琅滿目的熟食店，不妨從義式乾醃火腿（別種乾醃火腿也行）、義式薩拉米香腸、義式風乾牛肉、義式風乾豬香腸或摩特戴拉香腸（最美味的波隆那香腸）著手。盡量每一種都帶一點。這類食材風味濃郁，一定要切得很薄。要上桌時，把每張薄片對摺幾次，或乾脆串起來，這樣會比較好拿。多加一、兩種義式乳酪會很棒，像是切片的義大利波伏洛乳酪或新鮮的莫札瑞拉乳酪，或小塊的帕瑪乳酪或戈根索拉乳酪。最好也搭配一些蔬菜（自製或商店買的都可以）：橄欖、風乾番茄、烘烤紅燈籠椒、醃泡朝鮮薊或洋蔥、酸漬品、小番茄，或者切成薄片的小茴香。將各式各樣的食材放在大盤子上，或分開放在小盤小碗裡，再附上一些切片的新鮮麵包或烤麵包，以及橄欖油作為淋醬。

乳酪拼盤

乳酪和紅酒非常相似，你可以熱衷研究，也可以就只是不斷品嘗。要拼出經典的乳酪拼盤，可把目標縮小到三或四大類不同製法、不同口感的乳酪，每一大類選擇其中一種。例如，你可以選一種硬乳酪（像是帕瑪乳酪或蒙契格乳酪）、一種中等硬度的乳酪（像是切達乳酪或格呂耶爾乳酪），以及一種軟乳酪（像是卡門貝爾乳酪，或一種藍紋乳酪或新鮮的山羊乳酪）。也可試試另一種方案：一種牛乳乳酪、一種山羊乳酪和一種綿羊乳酪。或全部都選熟成乳酪。如果你家附近沒有乳酪專賣店，請前往你所知道最好的超級市場，那裡通常有很多不錯的選擇。我喜歡把買回的楔形乳酪整塊端上桌，每一種都附一把刀子，客人就可以自行切出想要的大小。搭配食材有酥脆口感的薄脆餅乾、硬殼麵包或小片脆烤麵包，多汁的葡萄、橙片、蘋果切片或洋梨。若想來點特別的，可試試橄欖、烘烤堅果或品質絕佳的果醬。最能讓賓客一目瞭然的擺盤法，是把乳酪放在平坦的表面或木板上，其他配料則盛在小碗小盤裡。

不凡的墨西哥玉米片

絕對比光是端出脆片和莎莎醬更有誠意，卻不花工夫。分量事先設定好：招待 6~8 人，約一大袋墨西哥玉米脆片。然後製作（或購買）一、兩種不同口味的莎莎醬（參見本書 50~51 頁），切點青蔥、胡荽和黑橄欖，煮些黑豆或墨西哥豆泥（參見第 5 冊 18 頁或開個罐頭）。派對 1 小時前先做些酪梨醬（參見本書 52 頁），並刨一些切達乳酪、傑克乳酪，有墨西哥融化乳酪更好，像是瓦哈卡或可提亞乳酪，然後將這些乳酪與一片片玉米脆片交疊在帶邊淺烤盤裡。客人到達的 20 分鐘前，將烤箱預熱到 170℃，玉米脆片上撒好豆子，並把所有配料端上桌。接下來，烤箱嗶啪烘烤玉米片時，你可以一邊接待客人和倒飲料，等到乳酪冒泡就表示烤好了，約 10~15 分鐘。玉米片上撒些青蔥、胡荽和橄欖，即可上桌。

烘烤燈籠椒
（參見本書 66 頁）

小茴香切片沙拉
（參見本書 96 頁）

開派對抓住這六大原則，場場賓主盡歡！

1 親朋好友就是最佳試吃員　在客人身上練習廚藝絕對可行，而且充滿樂趣！我早就行之有年了，畢竟你需要試吃員，而他們需要吃東西！

2 量力而為　只要準備你有把握的幾種料理就好，否則要找幫手！

3 抓好分量　如果要準備 12 人的開胃菜和晚餐，則把 4 人份的食譜做成 3 倍；或選 2 道菜，每一道都做成 6~8 人份。這樣你就抓到要領了。

4 及早準備　最後一刻的工作應當是招呼客人和倒飲料。請盡早完成大部分的準備和料理步驟。

5 選擇可以常溫食用的食物　這個策略能解除讓每道菜熱騰騰上桌的時間壓力，老實說這種壓力沒有必要。

6 主打手抓小點心　用手抓著吃（用紙巾會干擾）可以讓宴客氣氛更隨興，互動更輕鬆愉快。

純正奶油
爆米花

Real Buttered Popcorn

時間：10 分鐘

分量：4~6 人份（12~14 杯）

這才叫完美的速食，是時候讓你的爐子和珍藏的上好辛香料派上用場了。

- 2 大匙蔬菜油
- ½ 杯爆米花
- 4 大匙（½ 條）奶油
- 鹽

1. 蔬菜油放入大湯鍋裡，開中大火，放入 3 顆玉米粒後蓋上鍋蓋。奶油放進小型醬汁鍋，開小火融化後離火。

2. 等那 3 顆玉米粒爆開後，打開鍋蓋倒入所有玉米粒。蓋上並壓緊鍋蓋，搖動鍋子一、兩下。加熱時一邊搖晃鍋子，這時玉米粒會熱烈爆開。注意調整火力，需要的話可暫時離火，讓玉米粒持續爆開而不燒焦。當爆開的聲音間隔可以數到 3，鍋子就可以整個離火。從加入玉米粒開始，大約花 3~5 分鐘。

3. 爆米花倒進大碗裡，淋上融化的奶油，然後撒一大撮鹽輕拋混勻，嘗嘗味道，喜歡的話再加一點鹽，即可上桌。

油要是熱到冒煙，爆米花會有焦味，你不會喜歡的。

橄欖油是另一種選擇：以橄欖油取代奶油，記得稍微溫熱一下。

只要前後快速搖動鍋子就好。

把油燒熱　小心聆聽那 3 顆測試玉米粒的爆開聲，這代表油溫已經夠熱，可以把其餘玉米粒加進去了。

融化奶油　調整火力，讓奶油慢慢融化溫熱，但不要燒焦或冒煙。如果在爆米花完成前就熱好也沒關係。

以適當的速度爆米花　搖動鍋子時，請小心壓緊鍋蓋。如果聞到焦味，可先離火，要繼續加熱前把火力轉小一點。

極簡小訣竅

▶ 善用你的耳朵：如果玉米爆開的速度慢下來，每次爆開的聲音都間隔好幾秒，就表示該把爐火關掉了。

▶ 不太可能每一顆玉米粒都爆開。爆開的聲音停下來之後，如果還有少數幾顆未爆留在鍋底也沒關係（你想要的話也可以吃掉）。犧牲幾顆玉米粒總比全燒焦來得好。

▶ 如果要讓爆米花的口味清淡一點，可以減少奶油（或橄欖油）的分量。

▶ 爆米花最好趁熱吃！

變化作法

▶ **搭配爆米花的 7 種快速調味料：**以下任何配料皆可搭配或取代鹽，請在步驟 **3** 撒入。

1. 1 茶匙新鮮現磨的黑胡椒
2. ½ 茶匙乾辣椒碎片，可視個人喜好增減
3. 1 茶匙辣椒粉、咖哩粉或卡宴辣椒
4. 2~4 大匙新鮮現刨的帕瑪乳酪
5. ¼ 杯切碎的堅果
6. ¼ 杯切碎的果乾
7. ¼ 杯不甜的椰子粉

延伸學習

烘烤堅果

Roasted Nuts

時間：15 分鐘

分量：4~6 人份（2 杯）

告別萬歲牌堅果，迎接自製的派對堅果。

- 2 杯任何一種未加鹽的堅果（像是花生、杏仁、腰果，或數種綜合）
- 2 大匙蔬菜油或融化奶油
- 鹽和新鮮現磨的黑胡椒

1. 烤箱預熱到 232℃。把堅果放在碗內，與油脂輕拋混勻，並撒一點鹽和胡椒。

2. 帶邊淺烤盤裡鋪勻堅果，放入烤箱烘烤並偶爾搖動，直到烤成淡褐色，約需 5~10 分鐘。取出烤箱冷卻幾分鐘，趁微溫的時候端上桌。

要仔細觀察烘烤狀況，因為一不小心就會烤焦。堅果放涼之後比較脆。

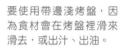
要使用帶邊淺烤盤，因為食材會在烤盤裡滑來滑去，或出汁、出油。

將堅果平鋪在烤盤裡　如果數量多到不能只鋪成一層，則另用盤子盛裝或分批烘烤。

烘烤均勻　搖晃烤盤可以幫助堅果滾動，烤起來比較均勻。烤好的堅果會呈中等的褐色，而且聞起來有烤麵包的香味，只是不會非常脆。

如果是用作派對點心，記得在碗裡放
支湯匙供大家舀，衛生方便。

極簡小訣竅

▶ 手邊有的帶殼堅果都可以拿來
烤，我特別喜歡混合美洲山核
桃、核桃、杏仁、開心果和腰果。

▶ 善用你的鼻子：堅果開始轉變
成淺褐色的同時，你的廚房也會
飄起迷人的堅果香，這就表示烤
好了，趁還沒烤焦之前，快從烤
箱裡拿出來吧！

變化作法

▶ 烤堅果：如果食譜寫的是「烤
堅果」，可用這同一套方法，只
是不要拌入油脂或奶油，也不
要加鹽。用乾燥的有柄平底煎
鍋（會比用烤箱多花一點時間，
但比較容易觀察狀況，也比較適
合製作少量），在鍋底平鋪一層
堅果，維持中小火並經常搖晃煎
鍋，使堅果均勻地變成褐色。

▶ 烘烤香料植物堅果：將堅果、
鹽、胡椒和 1 大匙切碎的新鮮
迷迭香或百里香葉均勻地輕拋混
合。

▶ 甜熱堅果：將堅果、¼ 杯塞
緊的紅糖粉、½ 茶匙卡宴辣椒
（可酌量增減）、鹽與胡椒輕拋混
合。

▶ 烘烤蜂蜜堅果：將 ¼ 杯蜂蜜
連同鹽和胡椒淋上堅果，然後輕
拋混合。

延伸學習

蔬菜棒佐溫橄欖油蘸醬

Crudités with Warm Olive Oil Dip

時間：30~60 分鐘

分量：8 人份

香氣四溢的溫橄欖油可為一道生菜賦予絕佳風味。

- 1,400~1,800 克的各式生菜，像是胡蘿蔔、小黃瓜、櫻桃蘿蔔、燈籠椒和芹菜
- 1 杯橄欖油
- 1 大匙大蒜末
- 鹽和新鮮現磨的黑胡椒

1. 準備蔬菜，依需要修整、去核、削皮或去籽。沿著長邊切成條狀，或者沿著橫向切成硬幣或片狀，也就是要好拿又好蘸醬汁。

2. 把蔬菜放進小碗盤上。如果立刻就要上桌，請先放入冰箱冷藏，直到其他材料都準備好。若是事先準備，則用沾濕的乾淨紙巾蓋住這些蔬菜再放入冰箱，可以冷藏數小時。

3. 把橄欖油、大蒜、一點鹽和胡椒放入小型醬汁鍋，以小火加熱。煮的時候一邊攪拌，直到油脂變溫且飄出香氣，大蒜也膨脹、變成金黃色（不要變成棕色），這段時間約莫5~10 分鐘，之後即可和蔬菜一起上桌。

胡蘿蔔盡量不要事先切好，那樣會失去香氣。

如果想為橄欖油增加其他風味（請從「變化作法」找靈感），可在這時把材料放進去。

切成條狀（或尖矛狀） 蘸醬汁的理想大小是 5~8 公分長、1.2 公分寬，接近這範圍的任何大小都可以。

切成其他形狀 切成橢圓形（斜切）和新月形（像燈籠椒那樣），會產生有趣的視覺效果。

增添橄欖油的香氣 盡可能以最溫和的方式加熱橄欖油。不要讓大蒜燒焦（深棕色，甚至有一點黑），不然橄欖油會有苦味。

極簡小訣竅

▶ 可以做成蔬菜棒的食材：櫛瓜、豆薯（要去皮）、小番茄（記得附上竹籤）、青蔥（稍微修整，但保留一整根）、鈕扣菇（整顆或剖半）、白蘿蔔或球莖甘藍（要去皮），以及小茴香（修整並切片）。

▶ 如果是在一天前先準備蔬菜棒，可以把切好的生菜放在冰水裡再冷藏，如此較能保持清脆，並把燙到半熟的蔬菜放在密封容器保存（參見「變化作法」）。上菜前把生菜的水瀝掉，並用紙巾拍乾。

變化作法

▶ 有些蔬菜雖然不能生吃（或者不想生吃），也可以鋪排在蔬菜棒之間。你可以煮一些小型的蠟質馬鈴薯（紅皮或白皮都可以，先削皮，再剖半或切片）、四季豆或其他長豆（修整好但保留一整條）、蕪菁甘藍或甘薯去皮切片）。汆燙或清蒸是最簡單的方法，因為你可以趁蔬菜還清脆時趕緊夾出來，立即用冰水急速冷卻，讓蔬菜停止受熱。燒烤或烤蔬菜也行，同樣在還有脆度時就要出爐。

▶ 可生吃也可煮熟再吃的蔬菜有：蘆筍、青花菜或花椰菜（切成一塊塊）、甜菜或蕪菁（去皮切片），及甜豌豆

（修整過但維持完整豆莢）。

▶ 為橄欖油添增更多風味：步驟 3 加熱橄欖油時，可加 1 大匙切碎的新鮮迷迭香、奧勒岡或百里香葉，或 1 茶匙鯷魚乾或 1~2 尾鯷魚泥（這種富含風味的橄欖油拿來蘸麵包，塗在三明治麵包上也都很搭）。

延伸學習

香料植物
蘸醬

Herb Dip

時間：10 分鐘
分量：6~8 人份

多花一點點工夫，效果遠優於把乾燥
蔬菜包倒入酸奶油。

- 1 小把新鮮歐芹或蒔蘿，或兩者混合
- 2 杯酸奶油或優格
- 2 根青蔥，切碎
- 1 大匙新鮮檸檬汁
- 鹽和新鮮現磨的黑胡椒
- 約 6 杯用來沾取醬汁的食材，如切好
  的生菜或煮熟的蔬菜，或薄脆餅乾、
  玉米片或麵包條。

1. 從香料植物最粗的莖幹摘下葉子，可用手指掐，或用剪刀剪。切碎葉子，切得越碎做出來的蘸醬就越細緻滑順。至少要 ½ 杯切碎的香料植物，如果喜歡風味強烈一點，可以多加。剩下的部分還有其他用途。

2. 把酸奶油、青蔥、檸檬汁、香料植物和一撮鹽與黑胡椒放入中型碗攪打。試吃調味之後，與蔬菜、薄脆餅乾、玉米片或麵包條一起端上桌，或加蓋放入冰箱，這樣可冷藏一天。

不斷切碎，直到都切
成你要的細碎程度。

在葉子與莖的交界
處剪下香料植物。
順手即可。

從柔軟的香料植物莖摘下葉子 把葉子兜攏在一起再扭轉，或者從莖上掐斷葉子。這種技巧適用於歐芹、胡荽、羅勒和蒔蘿等香料植物。

切碎香料植物 一隻手握住刀柄，另一隻手壓住刀尖的背部，讓刀尖始終接觸砧板，然後讓刀刃上下移動鍘切。

極簡小訣竅

▶ 勤勞一點，材料盡量切到細碎，做出來的蘸醬會比較滑順均勻，但也不是非得如此不可。如果有食物調理機，當然可以做出超級滑順的鮮綠蘸醬。以步驟 **1** 的方法摘下香料植物葉，然後把所有材料放入食物調理機攪打。

變化作法

▶ **其他新鮮香料植物：**你可以改用風味比較溫和的香料植物如胡荽、薄荷或蝦夷蔥，取代歐芹和蒔蘿。試用不同的組合，找出你最喜歡的口味。如果你喜歡香氣較強烈的香料植物，像是奧勒岡、鼠尾草、迷迭香或百里香，則取 1 大匙（要加更多也行）與 ¼ 杯歐芹混合在一起。也可以用羅勒（最多 ½ 杯），要注意羅勒過幾小時會開始褪色。

▶ **香料植物抹醬：**用奶油乳酪或山羊乳酪取代酸奶油。用奶油乳酪會很濃郁，且有明顯牛奶味，用山羊乳酪則是風味濃烈帶青草味。如果你的抹醬太濃稠，可再拌入 1 大匙牛奶或鮮奶油。

攪打時多搗壓幾下，有助香料植物釋放出更多風味。

加入香料植物 風味會迅速融入蘸醬。先混合 ½ 杯香料植物、一點鹽與胡椒後試味道，再酌量調整。

新鮮番茄莎莎醬

Fresh Tomato Salsa

時間：30~50 分鐘
分量：6~8 人份（約 4 杯）

非常實用的基底醬，翻到下頁還有不同食材和風味的更多作法。

- 4 顆大番茄（700 克）
- 1 顆中型的白洋蔥（或 4 根青蔥），切碎
- 1~2 根新鮮綠色辣椒（要很辣，像哈拉貝紐辣椒），去籽並切成細末
- 2 茶匙大蒜末
- 1 杯切碎的新鮮胡荽或歐芹葉（1 大把）
- 3 大匙新鮮萊姆汁，或視口味加更多
- 鹽和新鮮現磨的黑胡椒

1. 用削皮小刀去蒂頭，切成四等分後再切成小塊，接著把砧板上所有的番茄丁和汁液都倒進大碗裡。其餘番茄比照辦理。

2. 洋蔥、辣椒、大蒜、胡荽和萊姆汁加入切碎的番茄裡，撒點鹽和胡椒，嘗嘗味道再調味，喜歡的話可多加點萊姆汁。若不趕時間，可讓莎莎醬在室溫下靜置 15 分鐘，使所有材料的風味融合後即成（也可以事先做好，冷藏 2 小時，上桌前先退冰即可）。

如果你喜歡，當然可以多加一顆番茄。

去蒂頭 果蒂周圍先挖一圈，小心不要切得太深。用大拇指穩住番茄，然後握著刀子斜斜切入，切出一個圓錐形，果蒂很容易就可以拉出來。

切番茄 把番茄大略切成各種小塊，可保有多樣的口感。

極簡小訣竅

▶ 莎莎醬最好是採用當季的新鮮食材。你可以參考後兩頁的變化作法,一年四季運用不同的水果。

▶ 莎莎醬和蔬菜棒很搭,煮簡便蔬菜時也可用作調味醬料。我也喜歡把莎莎醬和穀類、豆類或米飯拌在一起。更可改變玩法,舀1~2湯匙莎莎醬放在燒烤或炙烤的魚肉、雞肉或肉類上,就可以展現完全不同的風貌。

▶ 手邊沒有新鮮香料植物或辣椒也沒關係,改加1茶匙孜然粉和少許卡宴辣椒或乾辣椒碎片也行。

▶ 假如你不喜歡吃辣,當然可以不放辣椒,那多加一點大蒜也可以。

延伸學習

我總是用盡每一滴新鮮甜美的番茄汁液。

留住汁液 用刀背把所有的果肉、種子和汁液都從砧板輕掃入碗中。

莎莎醬的變化作法

改變是好事

　　而且很簡單。前頁介紹的新鮮莎莎醬，基本上就是「pico de gallo」這種經典的墨西哥混合醬料，最基本的配方是使用大量的水果和蔬菜。你不妨試試以下這些點子：按著〈新鮮番茄莎莎醬〉的步驟，只換掉番茄，改用以下「變化作法」所列的主要食材，分量大約 700 克，並依說明切碎。其他材料則維持原食譜，除非另外提及。若要學習不同蔬果的準備方法，可參見特別冊的各教學單元。

柑橘莎莎醬　橙、柑橘、葡萄柚，或綜合這幾樣水果，全都剝除外皮。果肉剝成一瓣瓣後切碎，一邊切一邊移除種籽。

燈籠椒莎莎醬　取紅色、橘色或黃色的燈籠椒，去果心，去除種籽，然後切碎。

蘋果莎莎醬　任何種類的綠蘋果或紅蘋果皆可，越脆越好。可以不削皮，去除果核後切碎即可。另外請用紅洋蔥或 2 顆大紅蔥取代白洋蔥，胡荽換成歐芹也不錯。

桃子或李子莎莎醬　這種莎莎醬又甜又多汁。不必削皮，只要把水果切對半，移除果核後切碎。用羅勒或薄荷取代胡荽。

櫻桃蘿蔔或豆薯莎莎醬　豆薯要削皮，櫻桃蘿蔔不用。可用薑末取代大蒜，用薄荷取代胡荽或歐芹。

小黃瓜莎莎醬　取 2 條大型或 3 條中型小黃瓜，削皮去籽。以紅洋蔥取代白洋蔥，並以檸檬汁取代萊姆汁。

鳳梨莎莎醬　處理起來會有點辛苦，不過很值得。選顆中等大小、外皮不太綠的結實鳳梨。打橫切掉頂部和底部，再把鳳梨直立起來，沿著邊緣向下切掉外皮。果肉縱剖成四等份，切掉鳳梨心後再切成小塊（參見第 5 冊 58 頁照片）。

瓜類莎莎醬　洋香瓜、蜜露瓜、西瓜等等都行，削皮前約重 900 克。都先切成兩半，或切成方便處理的大小，去除種籽再去皮、切碎。

新鮮綠番茄莎莎醬　去除綠番茄的薄皮，然後一樣去掉蒂頭再切碎。用 2 條不太辣的新鮮綠辣椒（如波布拉諾辣椒），切碎後取代紅辣椒。

鳳梨莎莎醬

豆薯莎莎醬

新鮮綠番茄莎莎醬

酪梨醬
佐玉米片

Guacamole and Chips

時間：30 分鐘

分量：6~8 人份（約 4 杯）

酪梨調味過且稍微壓碎，加上一點配料，就是一道無與倫比的好菜。

- 2 顆大酪梨或 3 顆中型酪梨（共 900 克）
- 1 小顆洋蔥，切碎
- 1 條中等大小、很辣的新鮮綠辣椒（例如哈拉貝紐辣椒），去籽並切成碎末
- ½ 茶匙大蒜末
- 1 茶匙辣椒粉
- 1 大匙新鮮萊姆汁，或視口味多加一點
- 鹽和新鮮現磨的黑胡椒
- 2 大匙切碎的新鮮胡荽葉，裝飾用
- 6~8 杯墨西哥玉米脆片（1 大袋）

1. 每一顆酪梨縱切剖半，移除果核。拿一把大湯匙，把兩邊的果肉都挖出來，放入中型碗。

2. 加入洋蔥、辣椒、大蒜、辣椒粉、萊姆汁，以及一撮鹽和胡椒。用叉子或馬鈴薯搗碎器搗壓混勻，直到變成你喜歡的滑順或粗粒程度。嘗嘗味道並調味。

3. 與一大碗墨西哥玉米脆片一起上桌前，先用胡荽裝飾（若要晚點吃，碗口可先覆上保鮮膜，並壓一壓，讓保鮮膜中央貼上莎莎醬表面減少空氣接觸，然後封好，冷藏 2 小時。吃之前取出來加上裝飾即成）。

為了讓果核安全地脫離刀鋒，可以用刀柄敲擊流理枱角落，或用毛巾包住刀柄。

扭開酪梨時，果核一定與其中一半連在一起。

把酪梨剖半 切除瘤狀的莖，然後縱向切入，直到碰觸到果核。以刀子為軸心旋轉酪梨，讓刀子切過酪梨一圈，然後一手固定一半，反向對扭，即可分半。

移除果核 用一把鋒利的刀子小心刺入果核，不必太用力，握住果體轉動刀子，感覺果核與果肉分離時往上起刀，就可取出果核。

名為大家，在藝術人文中，指「大師」的作品
在生活旅遊中，指「眾人」的興趣

我們藉由閱讀而得到解放，拓展對自身心智的了解，檢驗自己對是非的觀念，超越原有的侷限並向上提升，道德觀念也可能受到激發及淬鍊。閱讀能提供現實生活無法遭遇的經歷，更有趣的是，樂在其中。 ──《真的不用讀完一本書》

大家出版FB　│　http://www.facebook.com/commonmasterpress
大家出版Blog　│　http://blog.roodo.com/common_master

大家出版 讀者回函卡

感謝您支持大家出版！

填妥本張回函卡，除了可成為大家讀友，獲得最新出版資訊，還有機會獲得精美小禮。

購買書名 _____　姓名 _____

性別　□ 男　□ 女　　　　E-MAIL _____

聯絡地址 □□□_____

年齡　□15－20歲　□21－30歲　□31－40歲　□41－50歲　□51－60歲　□60歲以上

職業　□生產／製造　　□金融／商業　　□資訊／科技　　□傳播／廣告　　□軍警／公職

　　　□教育／文化　　□餐飲／旅遊　　□醫療／保健　　□仲介／服務　　□自由／家管

　　　□設計／文創　　□學生　　　　　□其他_____

您從何處得知本書訊息？（可複選）

□ 書店　□ 網路　□ 電台　□ 電視　□ 雜誌／報紙　□ 廣告DM　□ 親友推薦　□書展

□ 圖書館　□ 其他 _____

您以何種方式購買本書？

□ 實體書店　□ 網路書店　□ 學校團購　□ 大賣場　□ 活動展覽　□ 其他_____

吸引您購買本書的原因是？（可複選）

□ 書名　□ 主題　□ 作者　□ 文案　□ 贈品　□ 裝幀設計　□ 文宣（DM、海報、網頁）

□ 媒體推薦（媒體名稱）_____　□ 書店強打（書店名稱）_____

□ 親友力推　□ 其他 _____

本書定價您認為？

□ 恰到好處　□ 合理　□ 尚可接受　□ 可再降低些　□ 太貴了

您喜歡閱讀的類型？（可複選）

□ 文學小說　□ 商業理財　□ 藝術設計　□ 人文史地　□ 社會科學　□ 自然科普

□ 心靈勵志　□ 醫療保健　□ 飲食　　　□ 生活風格　□ 旅遊　　　□ 語言學習

您一年平均購買幾本書？

□ 1－5本　□ 5－10本　□ 11－20本　□ 數不盡幾本

您想對這本書或大家出版說：

極簡小訣竅

▶ 酪梨果肉一接觸到空氣，很快就會變成褐色，如果不是馬上要吃，做好就密封可以撐久一點，但是不能超過一、兩個小時。

▶ 第一次處理酪梨多少令人害怕，首要之務應該是用刀安全，倒是不必擔心過程中果肉會不會有點壓爛。多練習就會順手。

變化作法

▶ **酪梨醬的 5 種快速加料法：**以下的任一種，可於上菜前加入 1 杯量。

1. 新鮮或冷凍的玉米粒

2. 莎莎醬（任一種皆可）

3. 切碎的番茄

4. 口味溫和的硬乳酪，如剝碎的墨西哥式鮮乳酪，或磨碎的切達乳酪

5. 切碎的煮熟蝦子或螃蟹

延伸學習

切碎洋蔥	S：27
準備辣椒	B4：22
切末大蒜	S：28
切碎香料植物	B1：46

挖取果肉 湯匙抵著果皮插入果肉與果皮之間，讓湯匙沿著果皮撥離果肉，再把果肉取出。

壓碎 不要壓得太徹底，可以留下一些塊狀果肉。

鷹嘴豆泥佐希臘袋餅

Hummus with Pita

時間：15 分鐘（用煮熟的鷹嘴豆）
分量：6~8 人份（約 3 杯）

典型的中東菜，可作為蘸醬、抹醬，
或者塗抹在三明治上。

- 2 瓣中型的大蒜，可視喜好多加
- 2 杯煮熟的鷹嘴豆或瀝乾的罐頭鷹嘴豆（若是自己煮，煮豆水可保留）
- ½ 杯芝麻醬，或看個人口味
- ¼ 杯橄欖油，需要的話可多加
- 2 大匙新鮮檸檬汁，可視喜好多加
- 1 大匙紅辣椒粉或孜然粉，再多準備一點作裝飾
- 鹽和現磨黑胡椒粉
- 1 大匙切碎的新鮮歐芹葉，用來裝飾
- 8 個小的或 4 個大的希臘袋餅，切成三角形或撕成大塊

1. 大蒜用食物調理機或果汁機間歇攪打到大蒜瓣有點碎。

2. 加入鷹嘴豆、芝麻醬、橄欖油、檸檬汁和紅辣椒粉，並撒一點鹽和胡椒。再讓機器繼續攪打，需要的話再加煮豆水或橄欖油（一次加 1 大匙），打成滑順的泥狀。

3. 嘗嘗味道並調味，並間歇攪打混合即成。喜歡的話可以多淋一大匙橄欖油，並撒上少許紅辣椒粉和歐芹，與希臘袋餅一起上桌。

如果沒有食物調理機或果汁機，可用馬鈴薯搗碎器，記得先把大蒜切成碎末。可多加些橄欖油，以免鷹嘴豆泥太濃稠，但若留一點粗粒也沒有關係。

使用食物調理機或果汁機 如果你的機器沒辦法一次放入所有食材，可分兩、三批打好。

加入液體 一次加入 1 大匙，再依濃稠度決定是否多加一點液體，因為一旦加進去就拿不出來了。

極簡小訣竅

▶ 如果是自己煮鷹嘴豆，則要確保鷹嘴豆煮到完全軟嫩（要相當軟）。

▶ 芝麻醬是用芝麻研磨而成的糊狀物，在一些超級市場、希臘或中東市場或健康食品店可以找到。

▶ 步驟 3 要調味時，你有機會特別強調不同的風味。想要堅果味可多加芝麻醬，要鮮明一點多加檸檬汁，強調口感則加大蒜末。

▶ 如果想搭配脆脆的希臘袋餅，可把整個袋餅放到淺烤盤上，以 230℃ 的烤箱烤 5~10 分鐘，期間翻面一、兩次。烤好冷卻後再切開或撕開。

變化作法

▶ 白豆混合檸檬和迷迭香：不要用芝麻醬，並把橄欖油的用量增加到 ½ 杯。以白豆取代鷹嘴豆，並以 1 大匙切碎的新鮮迷迭香葉（或 1 茶匙乾燥的迷迭香）取代孜然。上桌前，淋一些橄欖油，你喜歡的話也可撒點歐芹。

延伸學習

使用果汁機做出滑順的鷹嘴豆泥醬。

調整質地 依喜好增減濃稠度。用果汁機可做出比較滑順的質地，但可能需要多加一點液體，刀片才能順利運轉。

快速酸漬黃瓜

Quick Pickle Spears

時間：45 分鐘（外加急速冷卻的時間）
分量：24 條酸漬黃瓜

嗆味的醃漬小黃瓜其實可以快快醃好。

- · ½ 杯白酒醋或雪莉酒醋
- · 2 大匙橄欖油
- · 1 大匙大蒜末
- · 1 茶匙鹽
- · 1 片月桂葉
- · 2 大條或 3 中條小黃瓜（約 700 克）

1. 把酒醋、橄欖油、大蒜、鹽、月桂葉和 2 杯水放入大型湯鍋煮滾。

2. 切掉小黃瓜的頭和尾（可視喜好削去外皮），攔腰切半後再縱切剖半，接著再縱切成三條。

3. 鍋子煮滾後放入小黃瓜，離火。讓小黃瓜在鍋中浸泡 30 分鐘，攪拌一下，讓小黃瓜充分浸泡。

4. 為了快速冷卻，可放進冷凍庫冷卻，偶爾攪拌，直到小黃瓜變脆且完全冰透，約需 5~10 分鐘。也可放冷藏過夜。可和醃汁一起上桌，也可以單獨盛出來（泡在醃汁裡可保存至少一週）。

小黃瓜的外皮很薄且沒有上蠟，我覺得不必費心削皮。

準備小黃瓜 我通常不會去籽，但確實會把討厭的頭尾都去掉。

切成尖矛狀 把切成一段段的小黃瓜再切成三等分，因為切下角度的關係，形狀會很像尖矛。

▶ 酸漬是化學變化的過程,讓食物浸泡於醃汁(任何含鹽的混合物),可把水分逼出來、增添風味並保存。許多酸漬用的醬汁都含醋(特別是此處的快速酸漬法),鹽分負責析出水分製成爽脆的蔬菜,醋則是增添風味。

▶ 到底要不要削皮?如果外皮厚、上過蠟或塗了油(最好觀察一下並摸摸看),就要削皮。有時候即使外皮薄、沒有上蠟,吃起來卻苦苦的,所以如果不太確定,不妨先試吃看看。

▶ 只要是適合醃漬的迷你小黃瓜(短於 10 公分),就買回家吧!頭尾修整掉,再按這份食譜的指示縱切成尖矛狀即可。

變化作法

▶ **也可以用同樣的方法酸漬這 7 種蔬菜:** 修整前約 900 克,然後切成花蕾狀、片狀或尖矛狀。

1. 花椰菜
2. 青花菜
3. 洋蔥
4. 芹菜
5. 櫛瓜
6. 胡蘿蔔
7. 燈籠椒

延伸學習

醋	B1:80
修整	S:24
削皮	S:25
切末大蒜	S:28

這個步驟不能用其他醋取代,因為必須有很高的酸度才能夠保存且夠脆。

酸漬 溫溫的滷汁會醃漬得比較快,常溫下則比較慢。

義式烤麵包

Bruschetta

時間：15~20 分鐘
分量：4~8 人份

這道菜的義大利文讀音是「布魯斯凱塔」，意思是烤過、調味過、放上配料的麵包。

· 1 條中型的任一種鄉村麵包（約 450 克）
· 橄欖油（需要時使用）
· 1~4 瓣大蒜，剖半
· 鹽和新鮮現磨的黑胡椒

1. 準備燒烤爐，或打開炙烤爐，火力設定為中大火，金屬架距離熱源約 10 公分。

2. 麵包切 8 片，厚度約 2.5 公分。麵包片的兩面都刷上一點橄欖油後燒烤或炙烤，翻面烤到兩面都烤成褐色，約 3~5 分鐘。

3. 趁麵包還熱時，拿大蒜用剖開的那面抹上蒜汁。麵包放盤子上，淋一點橄欖油（每片麵包約 1 茶匙）、鹽和胡椒，趁熱上桌（若要在義式烤麵包上放配料，可參考後面的點子）。

全穀麵包、酸麵團麵包甚至玉米麵包都適用。

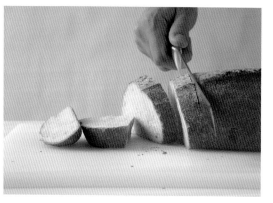

麵包切片　無論你要切的麵包是什麼形狀，每片都切成 2.5 公分厚，大小不要超過你的手掌。

我喜歡烤焦一點，但你可以烤成自己喜歡的樣子。

烤麵包片　麵包要烤到微焦不黑，這表示烘烤時你必須隨時盯著。

這就像是以麵包來研磨大蒜。

添點特殊香蒜味　磨上蒜汁，溫溫的義式烤麵包會吸進大蒜的風味，味道嘗起來十分溫和。

淋上飽含風味的新鮮橄欖油，
這是最主要的調味。

極簡小訣竅

▶ 任何好吃的麵包都可做成義式
烤麵包，但盡量選外硬內軟、不
太有嚼勁、濕潤且沒有氣孔的麵
包（可請麵包店幫忙挑）。成分
可以是用白麵粉、全穀類或二者
混合製作而成的，但別挑事先切
好的，那通常切得太薄，結果會
像是在吃早餐吐司（也行啦，但
就不算是義式烤麵包了）。

▶ 如果你希望只有微微蒜香，用
一瓣大蒜磨 8 片麵包就好，若是
大蒜愛好者，可以用到 4 瓣大
蒜。

變化作法

▶ 小片脆烤麵包：基本上就是大
型的酥脆麵包丁。以法國棍子麵
包取代鄉村麵包。在步驟 **2** 時，
橫切成片，每片不超過 1.2 公分
厚，約切出 16~24 片。刷上橄
欖油，放進 200℃的烤箱燒烤、
炙烤或烘焙到兩面都烤成金黃色
（約是義式烤麵包的一半時間）。
可磨上一些大蒜（不必再淋橄
欖油），然後放上你喜歡的配料
（參見下一頁）。

延伸學習

義式烤麵包的配料

全世界最棒的烤吐司

　　雖然也是最簡單的（如同前幾頁，只以大蒜和橄欖油調味），義式烤麵包依然集合了絕佳的口感和風味，輕而易舉就成為你所吃過最棒的烤吐司。

　　就像烤吐司，你可以放上任何喜歡的配料。可以像一片乳酪這麼簡單，也可以像燉肉這麼複雜（多汁的配料和額外多加的橄欖油適合比較軟的麵包）。正因如此，義式烤麵包非常適合讓隔夜菜重獲新生。做出來的成果當然很家常，不過還是要認真處理麵包和配料，成品就會比原本好吃很多。

12 種簡易的義式烤麵包配料

把食材準備好，按 58 頁的步驟 **3** 加了大蒜和橄欖油之後，放上這裡列出的任一種配料。可只放一種也可以綜合混搭，依你的口味調整分量即可。

1. 切碎的成熟番茄（約 4 杯）
2. 切碎的新鮮羅勒葉（塞滿 1 杯）
3. 刨絲或磨碎的帕瑪乳酪（約 ½ 杯）
4. 切片的新鮮莫札瑞拉乳酪（450 克）
5. 瑞可達乳酪（約 ½ 杯）
6. 切碎的橄欖（約 ½ 杯）或酸豆（約 ¼ 杯）
7. 碎檸檬皮或碎橙皮（2 大匙）
8. 切片的蘋果、洋梨或李子（約 450 克）
9. 切碎的烤堅果（約 ½ 杯）
10. 鯷魚（每片麵包 1、2 條，搭配切碎的歐芹）
11. 切片的義式薩拉米香腸、乾醃火腿，或者其他煙燻或醃製肉品（120~240 克）
　　 煮熟且切成小塊的香腸或培根（120~240 克）

10 道搭配義式烤麵包的食譜

以下的每一道食譜都取自這本書的其他地方，分量足夠放到 8~12 片烤麵包上面。先做好煮料，然後再開始做義式烤麵包片，但跳過步驟 **3** 的抹大蒜和淋上橄欖油，也就是把義式烤麵包片從烤箱取出來時，鋪上做好的煮料，並把煎鍋裡的汁液全部淋上去即可上桌。

1. 新鮮番茄莎莎醬（參見本書 48 頁），或其他莎莎醬（參見本書 50 頁）
2. 番茄醬汁（參見第 3 冊 16 頁）
3. 青醬（參見第 3 冊 22 頁）
4. 煎炒蘑菇（參見第 3 冊 70 頁）
5. 焦糖化洋蔥（參見第 3 冊 72 頁）
6. 快炒豆子佐番茄（參見第 3 冊 92 頁）
7. 西班牙風味小扁豆配菠菜（參見第 3 冊 96 頁）
8. 蒜味蝦（參見第 2 冊 26 頁）
9. 紅酒燉牛肉（參見第 4 冊 24 頁）
10. 燈籠椒炒香腸（參見第 4 冊 34 頁）

瑞可達乳酪佐橄欖切片

碎檸檬皮配鯷魚

快炒豆子佐番茄

魔鬼蛋

Deviled Eggs

時間：15 分鐘（預先把蛋煮好）

分量：4 人份

一種老派的開胃菜，但絕對不會退流行，而且很容易變化出新樣子。

- · 4 顆全熟的水煮蛋
- · 鹽
- · 2 大匙美乃滋
- · 1 茶匙第戎芥末醬，或者依口味多加一點
- · ¼ 茶匙卡宴辣椒，或者依口味多加一點
- · 1 茶匙紅辣椒粉或切碎的新鮮荷蘭芹葉，用作裝飾

1. 準備要做魔鬼蛋時，把整個蛋殼輕輕壓碎，然後剝殼，再沿縱向把蛋切成兩半，然後小心取出蛋黃。

2. 取一只小碗，把蛋黃、一撮鹽、美乃滋、芥末醬和卡宴辣椒混合在一起，然後用叉子搗碎整個混合物，直到均勻為止。嘗嘗味道並調味，喜歡的話可以多加一點芥末醬和卡宴辣椒。

3. 用湯匙舀出混合物，小心塞回蛋白的凹洞裡。在表面撒一些紅辣椒粉再端上桌，或者用保鮮膜緊緊包住，放進冰箱裡可以冷藏一天。（最好吃的狀態是不要太冰，所以端上桌前先從冰箱裡拿出來回溫15 分鐘。）

你可以用手指取出蛋黃或把餡料填回去，這樣會簡單許多。

取出蛋黃 用湯匙輕輕舀出蛋黃，讓蛋白保持完整。

搗碎餡料 最好的口感是相當均勻滑順，但你喜歡的話也可以略帶塊狀。

其他變化

如果要讓魔鬼蛋的口味比較鮮明、強烈，可以用優格取代美乃滋（或者每顆蛋的美乃滋用量減半）。

▶ **香草魔鬼蛋：**在步驟 2 中，多加 2 大匙切碎的新鮮蝦夷蔥，以及 1 茶匙切碎的新鮮龍蒿葉。

▶ **咖哩魔鬼蛋：**在步驟 2 中，你喜歡的話可以用優格取代美乃滋，並以 1 茶匙咖哩粉取代芥末醬。另外加入 1 大匙切碎的開心果或腰果，最後以切碎的新鮮胡荽葉做裝飾。

▶ **蟹肉魔鬼蛋：**在步驟 2 中，加入 ½ 杯蟹肉塊（你會想要吃到很多餡料，所以堆高一點）。

▶ **口味強烈的魔鬼蛋：**步驟 2 加入 2 大匙切碎的酸豆或醃漬物。

延伸學習

將餡料填入蛋白的凹洞 填塞餡料時不要太小氣，魔鬼蛋才會顯得很好吃。

使用塑膠袋填入餡料 另一種方法是把蛋黃混合物放入可以反覆密封的塑膠袋裡，然後剪開塑膠袋一角，把內容物輕輕擠入蛋白的凹洞裡。

墨西哥
乳酪煎餅

Quesadillas

時間：20~25 分鐘

分量：4 人份

做起來像閃電一樣快，很適合作為宵夜、晚餐輕食，或用手抓著吃的簡便點心。

- ¼ 杯蔬菜油
- 4 張墨西哥麵粉薄餅（直徑約 18 公分）
- 1 杯磨碎的切達乳酪或傑克乳酪
- 2 根青蔥，切碎
- 1~2 根新鮮的哈拉貝紐辣椒，切成薄片，非必要
- 1 杯新鮮番茄莎莎醬（或任何莎莎醬），吃的時候附上

1. 烤箱預熱至 90℃，帶邊淺烤盤裡放上鐵網架，一起放入烤箱的中層。

2. 1 大匙油放入大型平底煎鍋，開中火將油燒熱，就可讓薄餅下鍋，接著在薄餅上放置 ¼ 的乳酪、青蔥，也可加一點辣椒。

3. 加熱到乳酪開始軟化，薄餅也變成金黃色，約 3~5 分鐘。然後以鍋鏟對摺薄餅，翻面再煎到乳酪剛好融化之後，再多煎 1~2 分鐘即可起鍋，移到 1 的淺烤盤網架上保溫（煎餅可在烤箱內保溫 30 分鐘）。

4. 重複上述步驟，從熱油開始，把所有煎餅做完。煎餅切塊後，與莎莎醬一起上桌。

也可以不切，對半摺起，方便用手拿起來吃就行了。

放上配料 均勻放在薄餅的半邊，盡量平鋪，可讓薄餅加熱較均勻，也好摺合。

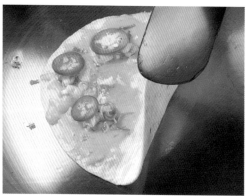

對半摺起 煎餅對半摺起之後，用鍋鏟稍微壓平。

切成楔形 果決地切斷每一層，或剖半也可以。

極簡小訣竅

▶ 可以選用任一種墨西哥麵粉薄餅（玉米薄餅也行）。我對薄餅的各種風味沒有特定喜好，不過全麥薄餅的堅果風味美好，值得一嘗。

▶ 煎薄餅可以不用油，乾乾的煎鍋會讓外皮比較有嚼勁，也帶有焦香味。兩種方法做起來都很美味。

變化作法

▶ **5 種絕佳配料**：別把薄餅塞太滿，不過可考慮加些配料增添風味和口感。參考以下列表，準備 ½ 杯的量即可（單獨一種或混合皆可）：

1. 切碎的黑橄欖
2. 煎蘑菇（參見第 3 冊 70 頁）
3. 自己煮的或罐頭的黑豆
4. 切碎或切絲的煮熟雞肉、牛肉或豬肉
5. 蟹肉塊或煮熟的蝦子

延伸學習

適於烹煮的乳酪	B5：17
刨碎乳酪	B3：14
準備辣椒	B4：22
新鮮番茄莎莎醬	B1：48
莎莎醬的變化作法	B1：50

烘烤燈籠椒

Roasted Peppers

時間：20~90 分鐘（看烤法而定）

分量：4~8 人份

無比鮮甜，也許是呈現燈籠椒最佳滋味的料理法。

- 8 個大型燈籠椒（任何顏色皆可）
- 鹽
- 2~4 大匙橄欖油

1. 烤箱預熱至 230℃，或把金屬架放在炙烤爐火源下約 10 公分處，火力開到最大。立邊的淺烤盤墊一層鋁箔紙後，放上燈籠椒，開始烘烤或炙烤。注意翻面，讓每一面都烤成深色且軟化塌陷。烤箱烘烤約 50~60 分鐘，炙烤約 15~20 分鐘。

2. 把烤盤上鋁箔紙的四個角拎起來，緊緊包住所有的燈籠椒（如果鋁箔紙太燙，可以用廚房布巾墊著）。冷卻到可以處理為止，約 15 分鐘，然後剝除表皮、去除種籽和蒂頭（在乾淨的水流下處理會容易些）。燈籠椒散開也沒關係。

3. 烤好後 1 小時內上菜，可先撒點鹽，淋上 2 大匙或更多橄欖油。也可以先淋上 1~2 大匙橄欖油後冷藏，可保存好幾天，要吃之前，先拿出來退冰即可。

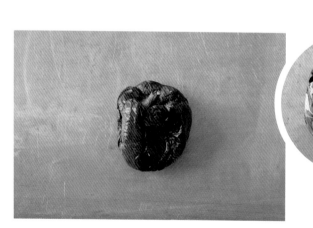

適當的熟度 外皮應該有點焦黑，甚至再黑一點，而且起泡。烘烤法會比炙烤法較易掌控。

如果你希望烤得很焦、吃起來有煙燻味，一定得用炙烤爐，但須常常查看。

以鋁箔紙包起來 鋁箔紙會很燙，所以要小心。盡量包緊，這樣燈籠椒可在冷卻過程中燜蒸一下。

這是我最愛的吃法：
只搭配大量橄欖油。

剝掉外皮 盡可能把外皮剝乾淨。流水很好用，但若仍有一些外皮黏得很緊，其實不用太在意。

極簡小訣竅

▶ 任一種燈籠椒都可以烤，不過紅椒、黃椒和橘椒會比青椒甜一點。也可以試試波布拉諾辣椒，只不過外皮不太好剝。

▶ 用燒烤爐烤：用燒烤爐的話，熱度應該要有中大火，網架距離火源約 10 公分，等火燒熱，就可以放上去火烤，注意翻面，直到每一面都變黑、軟化塌陷為止，約 15~20 分鐘。接著如同步驟 **2**，用一大張鋁箔紙把所有燈籠椒包起來靜置冷卻。

變化作法

▶ **6 種品嘗烘烤燈籠椒的方法：**

1. 用叉子。
2. 放入青菜沙拉。
3. 夾入三明治或放到義式烤麵包上。
4. 與義大利麵輕拌。
5. 與 1 杯奶油乳酪或酸奶油一起用果汁機或食物調理機打成泥，做成抹醬。
6. 與另外 ¼ 杯（或再多一點）橄欖油和鹽一起用果汁機打成泥。這很適合搭配多種料理，例如漢堡或蒸魚。

延伸學習 ────

燒烤   S：43
炙烤   S：42

鑲料蘑菇

Stuffed Mushrooms

時間：30~35 分鐘

分量：4~6 人份

漂亮的開胃菜，卻絕對比你想像的簡單許多。

- ¼ 杯橄欖油
- 450 克鈕扣菇
- 1 顆蛋
- ½ 杯麵包粉，最好是新鮮的
- ½ 杯新鮮現刨的帕瑪乳酪
- ½ 杯切碎的新鮮歐芹葉
- 1 大匙大蒜末
- 鹽和新鮮現磨的黑胡椒

1. 烤箱預熱到 200℃。用 2 大匙的油塗抹淺烤盤。把蘑菇柄的底部切掉，然後取下菇柄，小心保持傘部的完整。菇柄切碎，與蛋、麵包粉、乳酪、歐芹、大蒜在碗中混拌，並撒一點鹽和黑胡椒。

2. 剩下的油倒入 1，用叉子攪拌撥鬆，然後填進鈕扣菇傘部凹槽，放在淺烤盤上進烤箱烤。

3. 烘焙到餡料變成褐色，表面酥脆，約 15~20 分鐘。放涼後即可上桌，溫溫吃或放到常溫再吃都可以。可提供竹籤或紙巾，以方便食用。

如果你不想用手指，用兩支小湯匙來做也很方便。

取下菇柄 菇柄輕輕搖動就會鬆開，然後就可以取下來。記得小心讓菇傘保持完整。

切碎菇柄 在菇柄上方前後移動刀子，大致切碎。

填塞餡料 不要塞太多，或硬要塞滿，因為蘑菇烤熟的時候會縮小。

極簡小訣竅

▶ 蘑菇很好洗：用水龍頭的冷水沖洗，或用蔬菜脫水器清洗（你也許以為這樣會讓蘑菇變得濕爛，其實不會）。

▶ 蘑菇長得奇形怪狀時：切掉裂開的、乾掉的部位，以及任何有傷痕、變色的區域，你絕對不會想吃那些部位。

▶ 自己做麵包粉：如果沒辦法自製，則用日式麵包粉，相較於其他麵包粉商品，日式麵包粉的顆粒較大、較蓬鬆，也比較酥脆。

變化作法

▶ **堅果鑲蘑菇：** 用切碎的核桃、美洲山核桃或開心果取代麵包粉，餡料裡的橄欖油也用 2 大匙融化奶油取代。

▶ **培根鑲蘑菇：** 以培根取代乳酪。4 片培根放入中型有柄平底煎鍋內，以中小火把培根煎到些微酥脆，但不要燒焦。培根瀝油後切碎取代乳酪。

延伸學習

蟹餅

Crab Cakes

時間：20~30 分鐘（外加冷卻的時間）
分量：4~8 人份

蟹肉多，粉料少，最棒的蟹餅就這麼
簡單。

· 450 克新鮮蟹肉
· 1 顆蛋
· ¼ 杯美乃滋
· 1 大匙第戎芥末醬
· 鹽和新鮮現磨的黑胡椒
· 2 大匙麵包粉，最好是新鮮的，可多
　加
· 1 杯中筋麵粉，用來裹粉，可多準備
　一點
· 4 大匙橄欖油
· 2 顆檸檬，各切成四等份，上桌時附
　上

1. 先把蟹肉裡的軟骨或硬殼挑乾淨。
蟹肉、蛋、美乃滋、芥末醬、一撮
鹽和黑胡椒放進大碗混勻。加入適
量麵包粉幫助黏著，做成餅狀。先
用 2 大匙的量來做，視情況需要增
量。也可先把 1 冷藏起來作備料，
要烹調時再加入麵包粉捏成蟹餅。

2. 烹調時，麵粉、鹽和黑胡椒在盤子
裡拌勻。把蟹肉混合物捏成 8 塊
蟹餅（厚度最多 2.5 公分，寬度約
5 公分）。

3. 中型或大型有柄平底煎鍋裡加入

油，以中大火燒熱。每塊蟹餅兩面
都裹上麵粉，輕輕放入煎鍋，小心
不要放得太擠。也可以分批煎，把
先煎好的蟹餅放在 90℃ 烤箱內保
溫。

4. 先煎一面，用鍋鏟小心翻面一次，
注意火力，不要煎焦，直到兩面
都煎成褐色且酥脆為止，每面約煎
3~5 分鐘，時間長短看厚度而定。
搭配檸檬上桌。

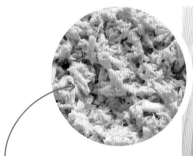

像這樣就太鬆散，無法捏
出蟹餅。一次只加 1 大匙
麵包粉調整，確定蟹餅不
會變得太黏。

混合蟹餅　這步驟要製作出蟹
餅所需的黏度。可以先捏一小
部分看看黏度，再決定是否要
調整。

極簡小訣竅

▶ 蟹肉盡量挑整塊的蟹身白肉。蟹肉塊越大，口感越好，通常品質也越好。

▶ 本道食譜教你做出 8 塊蟹餅，不過蟹餅大小都可以依喜好調整。4 個較大的蟹餅很適合當主菜，小蟹餅則常是派對的搶手美食。

變化作法

▶ **奶油蟹餅**：用奶油取代橄欖油。在步驟 **3** 奶油一融化冒泡，蟹餅就可以下鍋。注意火力，以免奶油燒焦。

▶ **蔬菜蟹餅**：這樣更色彩繽紛，也更有口感。可試試切碎的紅燈籠椒、青蔥、芹菜、刨成絲的胡蘿蔔或芹菜根。加入的總量不超過 1 杯。

▶ **蝦餅或鮭魚餅**：450 克生蝦仁或鮭魚肉放入食物調理機間歇攪打成小塊（不要打成泥），以此取代步驟 **1** 的蟹肉，然後照其他步驟做。

延伸學習

捏製成型　力道要輕，越是用力捏，口感就越硬。可以一次捏好，但下鍋煎之前再裹粉。

滋滋作響即可　煎的時候注意火力，讓油夠熱，會冒泡但不會冒煙，也不要煎焦。

油炸甘薯餡餅

Sweet Potato Fritters

時間：30~40 分鐘
分量：4~8 人份

漂亮、美味的油炸餡餅，可以讓你從此克服對油炸的恐懼。

· 大約 450 克的甘薯
· ⅓ 杯中筋麵粉，視情況多加
· ⅓ 杯玉米粉
· ¼ 杯切碎的紅洋蔥
· 1 顆蛋，稍微打散
· 鹽和新鮮現磨的黑胡椒
· 油炸用的蔬菜油

1. 烤箱預熱至 90℃。取可耐烤箱熱度的盤子或淺烤盤，鋪上紙巾。甘薯削皮、刨絲，盡量去除水分。你會需要塞滿的 3 杯分量，剩餘的備用。

2. 刨成絲的甘薯、麵粉、玉米粉、洋蔥、蛋、一撮鹽和黑胡椒在大碗中以叉子拌勻。如果太濕，可以多加一點麵粉，每次加 1 大匙。可事先做好冷藏起來，要炸再拿出來。

3. 大湯鍋放入 5 公分深的油，開中火燒熱後，挖起一湯匙的 **2**，小心放入油中。可分批油炸，以免鍋內太擁擠。

4. 油炸時，可用夾子或有孔漏杓稍微翻動，將每一面都炸到褐色、完全炸熟為止，約 5~7 分鐘。炸好起鍋，放到墊紙巾的盤子上進烤箱保溫，再繼續炸下一批。熱騰騰或放涼再上桌都可以，喜歡的話可多撒一點鹽和胡椒。

如果沒有溫度計，可撒一把玉米粉或麵粉測試。粉撒下去應該會立刻滋滋作響，但不會焦掉。

蔬菜絲要壓乾 在濾網上把蔬菜壓乾，下方放著大碗盛水，也可以用雙手擠乾。

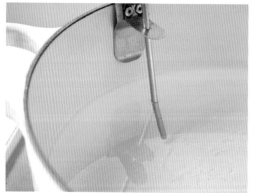

炸油要燒熱 若用溫度計測量是否達到油炸溫度，可以把溫度計夾在鍋邊，並確定探針沒有觸到鍋底。

下鍋油炸 為避免噴濺，下鍋時盡量靠近油面，然後用另一支湯匙推進油鍋。

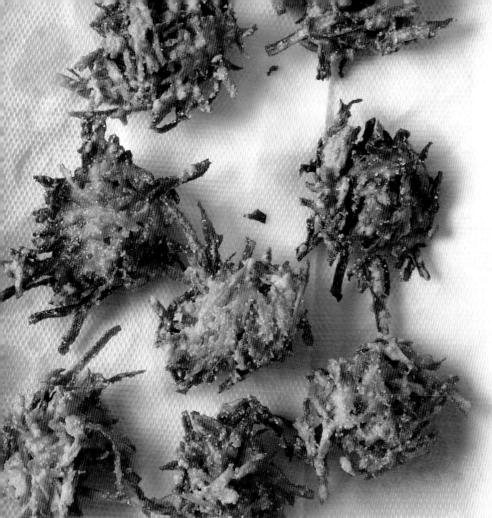

極簡小訣竅

▶ 即使你熱愛油炸食物，也不必買昂貴的設備。只要買個可夾在鍋邊、能測到 200℃的溫度計就好。注意火力，讓油溫無論下鍋或起鍋都維持在 185℃。

變化作法

▶ **7 種口味的油炸餡餅：**以下只列出幾種也可以用在這道食譜的蔬菜和水果。

1. 粉質馬鈴薯（如赤褐馬鈴薯或烘焙馬鈴薯）

2. 櫛瓜（要確實擠乾）

3. 胡蘿蔔

4. 芹菜根

5. 甜菜

6. 白胡桃瓜

7. 蘋果

檢查內部：你應該還是可以看出絲狀的甘薯。

判斷熟度 外表應該會變成金色，內部則軟而不濕。

沙拉很想成爲你生活的一部分，而且有很多理由讓沙拉進入你的生活。如果你沒有太多時間，把幾樣主菜組合在一起會比較快。若想要吃得好一點，沙拉是攝取蔬菜最簡單的方法。如果剛好想要多一道配菜，沙拉幾乎可以搭配任何食物。

沙拉也可以幫助你學會不少基本廚房技巧，像是洗菜、瀝乾、切菜、切片、攪拌、輕拌等，而且不容易搞得一團亂。把萵苣葉撕成 2 公分或 5 公分，把番茄切成厚片或薄片，這些都可以，結果無論如何都會很好。

食材的品質才眞正至關重要。當焦點是生菜，只以橄欖油、檸檬汁、醋、鹽和黑胡椒調味，則每一種材料都必須各盡其職才行。品嘗沙拉會讓你認識好的農產品、品質優良的油、風味絕佳的醋，以及各具特色的配料。

這一章的內容涵蓋了挑選青菜、以簡捷的方法做出經典的輕拌沙拉，甚至你會驚覺這麼好做的沙拉醬不只更便宜，也比外面賣的瓶裝醬汁更美味。你也會發現，只要加入比較結實的蔬菜、豆類、穀類、乳酪，甚至肉類，就可以把沙拉變成主食。經過這些，你已經體驗到，沙拉可爲你的日常餐桌增添無窮的變化。

沙拉 Salads

沙拉用的青菜

結球類和菜葉類

　　沙拉用的青菜可以分為這兩大類，兩者的區別只在於修整的方法，其餘的輕拌、淋醬和烹煮方式都一樣。結球萵苣這類青菜的葉子是從一個核心長出來，這個核心與最外側的葉子都必須去掉。散葉類的青菜則是長成一小束，而非緊密的圓形結球狀。散葉類的莖部通常都需要修整。以下介紹最常見的種類：

蘿蔓萵苣　非常清脆，風味比捲心萵苣豐富，凱薩沙拉必用。

捲心萵苣　包緊的結球很像一顆保齡球。爽脆多汁，最適合與其他青菜混搭，或切絲作為裝飾，或切成大塊的楔形。

波士頓萵苣　鬆鬆的小結球，口感柔軟有奶油味，上桌前最後一刻再淋上沙拉醬最好。

紫葉菊苣　漂亮的白色和紫色葉子捲曲起來，包成小而緊密的結球。像甘藍一樣清脆，微苦。

比利時苦苣　長而窄的結球，有著結實、清脆、優雅的象牙白色葉子，很適合搭配蘸醬。

大白菜　葉子很長的甘藍菜，風味溫和而柔嫩，可以取代萵苣葉，或做成炒菜。

菠菜　生熟都很美味，但是要有心理準備：加熱之後體積會大幅縮水。

闊葉苣菜　菜葉結實、鋸齒狀、風味強烈，葉片中央為白色，到了邊緣變成深綠色。生吃很棒，但是煮過風味更細緻。

芝麻菜　清脆有嚼勁，辛辣有芥末味，令人喜愛。

水田芥　很柔軟，有點辛辣，用法類似菠菜。

綠捲鬚苦苣　纖細小束狀的鋸齒葉，爽口且有鮮明的苦味。

蒲公英葉　深綠色、長而窄的鋸齒狀葉子，有時候粗韌且苦澀，嫩葉最好吃。

綜合生菜　很受歡迎，以各式各樣美味的結球類和散葉類青菜組合而成，包括上述的一些青菜，以及其他種類像是水菜、甜菜葉和橡葉等，加上各種香料植物和花朵。

沙拉用青菜的選購、整理和儲存

挑選顏色明亮的結實葉子，看起來沒有即將枯萎的跡象。發褐或發黃都很不妙，綠葉顯得軟爛或濕黏也不好。如果你買的是袋裝的沙拉青菜（我不能阻止你買，但那不是我的首選），要從包裝袋的任何角落確認裡面的蔬菜是否完好。

既然基本上所有青菜都可以彼此替換，請買當季且外觀完好的蔬菜。只要找得到，你應該優先選擇本地種植的青菜。隆冬時分，萵苣的模樣看起來不太好時，我會用甘藍、羽衣甘藍或其他營養健康、可以保存較久的青菜。

分量計算方法：700 克的青菜可修整、摘取出 6~8 杯，以下的大部分食譜就是用這個分量。

大多數沙拉用青菜的最佳賞味期限非常短，最多只有幾天。如果無法立即用盡，請先修整並清洗保存。蔬菜脫水器讓這個過程變得超級簡單，但也不是必備。

修整 結球類蔬菜要先用刀子切除堅硬的梗心，然後摘除外層粗硬的葉子，以及任何堅硬、褐色或變色的部分。至於散葉類，去掉任何看似狀況不好的部分，然後切掉粗韌或受損的莖部。

切菜 結球類從根部撥下，然後把葉子撕（或切）成容易入口的大小，也就是每一邊大約 2~5 公分。但如果要把醬汁淋在一堆葉子或整塊楔形蔬菜上，而不是做成輕拌沙拉，可以讓葉子保持完整。

清洗 如果你有蔬菜脫水器，可把青菜放在內籃裡，再置入裝滿水的外盆加以清洗。如果沒有脫水器，可用湯鍋搭配濾鍋或濾網洗菜。青菜直接放入裝滿水的湯鍋，洗淨後再移到濾鍋或濾網瀝水也行。

攪動清洗 先把葉子上的泥土和沙子洗掉，然後把內籃拿起來，倒掉髒水，再重複洗一、兩次。等到水看起來乾淨不再有泥土，就洗好了。

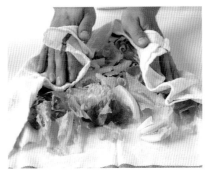

乾燥 要瀝除青菜上的水，可讓蔬菜在脫水器裡旋轉，或以乾淨布巾輕拍吸乾。蔬菜會變蓬鬆，只剩下一些小水珠。

儲存 蓋上脫水器的蓋子，把弄乾的青菜放入冰箱，或用布巾鬆鬆地把蔬菜包起來，放入塑膠袋，保持鬆鬆的狀態再封口。這樣整理過的青菜，可冷藏 2~4 天。

輕拌
蔬菜沙拉

Tossed Green Salad

時間：10 分鐘

分量：4 人份

做淋醬和萵苣都在同一個碗完成。

- 6~8 杯撕好的蔬菜，單一或綜合數種皆可
- 1/3 杯橄欖油，可視需要多加
- 2 大匙葡萄酒醋、巴薩米克醋或雪莉酒醋，可視需要多加
- 鹽和新鮮現磨的黑胡椒

1. 大碗裡放入青菜，再淋上油和醋，並撒一點鹽和現磨的黑胡椒。

2. 快速輕拌蔬菜與佐料，嘗嘗味道並調味後上桌。

如果菜葉還很濕，可用雙手拿著一塊乾淨布巾輕撥菜葉吸除水分。

鹽和胡椒也很重要。

盡量瀝乾 雙手抓鬆菜葉，順便感受蔬菜是否瀝乾，如果太濕，沙拉的口感會軟軟爛爛的。

簡易淋醬 剛開始不要超過1/3 杯橄欖油和 2 大匙的醋，這樣你就可以先嘗味道再決定是否多加一點。

極簡小訣竅

▶ 若想事先做好沙拉，可先把油、醋、鹽和胡椒放在沙拉碗底，再放上萵苣。以乾淨的濕布巾蓋在碗上冷藏，最多可到 3 小時。上桌前再輕輕拌勻即可。

▶ 也可以嘗試用新鮮檸檬汁或萊姆汁取代醋。

變化作法

▶ **亞洲風味沙拉**：以蔬菜油或花生油取代橄欖油，以米醋、檸檬汁或萊姆汁取代葡萄酒醋（如果各加幾滴芝麻油和醬油，會有畫龍點睛的效果）。

▶ **加入水果、乳酪和堅果**：加入 1~2 片水果切片（如蘋果）、½ 杯刨碎或剝碎的乳酪（如帕瑪乳酪或藍紋乳酪），以及 ½ 杯烤堅果（如核桃或杏仁）。

▶ **希臘沙拉**：你喜歡的話可以用蘿蔓萵苣，並加入 1 小條切片的小黃瓜、⅓ 杯磨碎的希臘菲達乳酪、¼ 杯去核並切碎的黑橄欖，以及 ½ 杯新鮮薄荷葉。

延伸學習

沙拉用的青菜　　　　　　　B1：76

油和醋　　　　　　　　　　B1：80

自製油醋醬　　　　　　　　B1：82

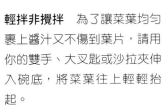

醬汁太多的菜葉既不漂亮也不好吃。

輕拌非攪拌　為了讓菜葉均勻裹上醬汁又不傷到葉片，請用你的雙手、大叉匙或沙拉夾伸入碗底，將菜葉往上輕輕抬起。

油和醋

油

油品風味之多樣，遠超過你所能想像，特別是未經特別加工或過濾的油品，正是我推薦你選擇的油。先從小瓶裝著手，一來可認識這些油的特性，又無需花費太多。

橄欖油：富含健康的脂質，香氣四溢，有美好而明確的風味，烹煮和生吃都不可或缺。特級初榨橄欖油是唯一選擇，其他橄欖油都淡而無味。

蔬菜油　若本書要用蔬菜油，要的是天然或風味清爽的油，為的是凸顯其他食材的風味。盡量不要挑本身就叫「蔬菜油」的油，而是選擇高品質的單一油品，像是葡萄籽油、花生油（不要選木本堅果類）、葵花籽油或紅花油，最好是冷壓或加工程序最少的（如果油品有點混濁，通常是未經過濾）。這些油也可用來油煎或油炸。

芝麻油　請確定你買的是暗色的芝麻油，這是由烘烤過的芝麻製成，風味和香氣都很強烈，很多翻炒料理和亞洲風味料理都會以芝麻油收尾。做沙拉醬時，我常把一點點芝麻油加入花生油，或者加入天然油品像是葡萄籽油等。芝麻油通常不用於開熱炒。

堅果油　杏仁、榛果、核桃和其他堅果油都很有特色，而且做成沙拉醬非常美味。這些油很容易蓋過其他風味（而且很昂貴），通常只會少量用於搭配蔬菜油或橄欖油。通常不會用於烹煮。

醋

每一種醋的酸度各自不同，包裝標籤上會寫出百分比。雪莉酒醋（最強烈）的酸度是米醋和柑橘汁的 2 倍多一點，紅酒醋、白酒醋、巴薩米克醋和蘋果醋的酸度則介於以上兩者之間。

紅酒醋　經典款，高品質的紅酒醋真的十分美味。

白酒醋　比紅酒醋稍微清淡、沒那麼強烈（如同白酒和紅酒的差異），用途同樣廣泛。

巴薩米克醋　顏色很深，甜甜的，是美國人的標準用醋。品質最好的是陳年巴薩米克醋（很昂貴），標籤上會寫著「aceto balsamico tradizionale di Modena」（摩德納傳統巴薩米克醋）。

雪莉酒醋　我最愛的醋，很少見。在標籤上尋找「Jerez」（赫雷斯）字樣，雪莉酒醋應該要來自西班牙的赫雷斯地區。

米醋　溫和、顏色很淡的亞洲風味醋，很適合用來烹煮、做沙拉醬和醬汁。

蘋果醋　以蘋果酒或蘋果汁製成，富含果香且風味複雜（品質最好時就會如此）。

白醋　這是一種工業生產的醋，最適合用於醃漬，或只要酸味、不要風味時。也很適合作為天然清潔劑。

沙拉醬的組成成分（以及其他資訊）

在你的食物櫃裡，油和醋是功能最多元的食材。油的重要性在於其濃郁，以及能夠將風味放大、散布開來。醋則是以發酵水果、種籽或穀物製成的溫和酸性物質。想到油和醋，我們就會立即想到沙拉，但其實油和醋可以用於烹調食物，也可為各式各樣的甜、鹹料理調味。

油和醋都應該存放在隔絕空氣的玻璃瓶或陶瓷瓶裡，放進櫥櫃或其他陰涼的地方。除了未來幾天內會用到的油，我把所有油都放在冰箱冷藏，這

樣油會變得混濁，但回復常溫後就會回到正常。使用前一定要聞聞看並嘗嘗味道，如果有酸味、霉味，就表示不新鮮了，應該要丟掉。醋放久會變混濁，且產生一層厚厚的沉澱物。這樣無害，但醋的風味可能過了最佳賞味期，該換一瓶新的了。

油醋醬（我心目中最好的沙拉醬）最基本的款式，就是把脂肪（通常是油）和酸（通常是醋）混合在一起，並調味。這是生菜沙拉最典型的淋醬，而且淋在煮熟的蔬菜、魚類、家

禽肉或肉類上同樣也很棒。在這一章，前幾道食譜會教你如何一邊輕拌沙拉，一邊在碗裡混合沙拉醬汁，而下一頁的食譜就會講到如何自製油醋醬。

自製油醋醬

Vinaigrette in a Jar

時間：5 分鐘

分量：大約 1½ 杯（10~12 人份）

學會這款醬汁就萬無一失了，簡約而美味，還完全按自己的喜好量身訂做。

· 1 杯橄欖油
· ⅓ 杯任何一種葡萄酒醋或巴薩米克醋，可依喜好多加
· 2 茶匙第戎芥末醬
· 鹽和新鮮現磨的黑胡椒

1. 油、醋和芥末醬放入小玻璃瓶，並加入一點鹽和黑胡椒。

2. 旋緊玻璃瓶蓋，開始搖晃，直到淋醬變得濃稠且呈現乳狀。嘗嘗味道並調味，喜歡的話多加一點鹽和黑胡椒。如果想多加一點醋，一次先加 1 茶匙直到嘗起來滿意為止。

3. 再度搖晃玻璃瓶後即可上桌。可冷藏保存 3 天，使用前搖勻。

果汁機打出來的質地看起來沒有不同，只是不會很快就油醋分離。

觀察比例　醋和油的比例應該介於 1:3 和 1:4 之間。

搖晃均勻　快速搖晃瓶子可以保持油和醋的混合狀態。如果你想讓淋醬維持乳化狀態長達好幾天，可以使用果汁機。

極簡小訣竅

▶ 油醋醬是一種乳狀物，是油滴懸浮在液體內，在這個例子裡，液體是醋，附帶其他的調味料。要製作細緻、滑順、乳狀的淋醬，用玻璃瓶是最簡便的方法：只要在開飯前搖晃瓶子，把所有成分混勻即可，如果油開始漂浮到上層，只要再搖一搖就好。用果汁機既簡單又有效率，產生的乳化狀態更可持續好幾天。若用其他方法，就不會這麼新鮮、有風味、滑順了。

▶ 如果太酸，就多加一點油，如果太油，則多加一點醋（有時候只需要多加幾滴水）。總之記得嘗嘗，隨時調味。鮮明的酸味構成最主要的滋味，

油脂提供的則是質地和背景風味。可調整的比例配方真的變幻無窮。

變化作法

▶ **10 種值得一試的佐料：** 可以把以下任一種加入油醋醬裡，單一或綜合都可以。

1. 1 瓣大蒜切成碎末，或等量切碎的小洋蔥或紅蔥

2. ¼ 杯切碎的新鮮歐芹、羅勒或蒔蘿葉，或 1 大匙迷迭香、龍蒿或百里香葉

3. 2.5 公分長的生薑，削皮並切碎

4. 1 大匙蜂蜜或楓糖漿

5. 1 撮乾辣椒碎片，或 1 條新鮮辣椒

切成碎末

6. ¼ 杯新鮮刨碎的帕瑪乳酪

7. ½ 杯剝碎的藍紋乳酪或菲達乳酪

8. ¼ 杯切碎的風乾番茄

9. ¼ 杯去核並切碎的橄欖（綠橄欖或黑橄欖皆可）

10. 2 大匙酸奶油或優格

延伸學習 ———

油和醋 B1：80

碎丁沙拉

Chopped Salad

時間：30 分鐘
分量：4~6 人份

碎丁料與萵苣 1:1，最適合作為豐盛的配菜、開胃菜或輕食。

- · 1 小顆結球類的羅曼萵苣
- · 2 條中型胡蘿蔔，切丁
- · 2 小條芹菜莖，切丁
- · 1 小顆紅洋蔥，切丁
- · 1 條小黃瓜，削皮、去籽並切丁
- · 1 個燈籠椒，去核、去籽並切丁
- · 3 大匙橄欖油
- · 1 大匙任何一種葡萄酒醋，可依喜好多加
- · 鹽和新鮮現磨的黑胡椒

1. 修整萵苣並切除梗心，然後撕成容易入口的小片。應該有 4 杯左右的分量，多出來的留待以後使用。

2. 胡蘿蔔、芹菜、洋蔥、小黃瓜、燈籠椒和萵苣全部放入大碗裡。

3. 淋上橄欖油和醋，並輕撒一點鹽和胡椒，以快速且輕巧的動作輕拌過，嚐嚐味道並調味即成。

如果是大型胡蘿蔔，先縱向剖半再切丁會比較快。

胡蘿蔔切丁 我不在意形狀，大小相近即可。

芹菜切丁或切片 你會希望把所有蔬菜都切成差不多同樣的大小，約 1.2 公分。也可以只把芹菜莖切片，變成薄薄的新月形就好。

變化作法

▶ **變化的大原則**：在主食譜內，每一種切丁的蔬菜分量約為 1~1½ 杯，所以你可以用等量的其他蔬菜取代任一種蔬菜或全部替換掉。不錯的選擇有：切片或切丁的生菜，如小茴香、酪梨、櫻桃蘿蔔、番茄或甘藍等；或切丁、煮熟放涼的蔬菜，如四季豆、蘆筍、荷蘭豆或青花菜。

▶ 擺盤想精美些，可以把萵苣墊在下方，再放上各式碎丁，最後淋上油醋醬。

▶ **8 種加強口味變化的食材**：用量可達 1 杯，單一或綜合皆可。
1. 罐頭油漬鮪魚或沙丁魚，瀝乾使用
2. 切丁的火腿、義式乾醃火腿或其他醃製肉類
3. 切丁的煮熟培根
4. 磨碎、剝碎或切成小方塊的乳酪，如切達乳酪、瑞士乳酪、藍紋乳酪或菲達乳酪
5. 切絲的煮熟雞肉或火雞肉
6. 切丁的全熟水煮蛋（3~4 個）
7. 煮熟的鷹嘴豆或白豆，罐頭也可以
8. 煮熟的蝦子、蟹肉塊，或其他煮熟的魚肉

延伸學習

去籽切丁 小黃瓜先削皮，剖半後用湯匙刮除種籽，縱切成條後，再橫切成小丁。

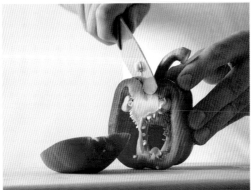

準備燈籠椒 把燈籠椒直立起來或側躺，由核心周圍向下切開，切掉核心和種籽，然後用削皮小刀切掉蒂心。

凱薩沙拉

Caesar Salad

時間：20 分鐘
分量：4 人份

餐廳必備的經典菜色，做起來很簡單，而且超級好吃。

- 1 瓣中等大小的大蒜，剖半
- 2 顆蛋
- 2 大匙新鮮檸檬汁
- 6 大匙橄欖油
- 2~3 條油漬鯷魚
- 少量渥斯特黑醋醬，可視需要多加
- 2 顆中型的結球類蘿蔓萵苣，撕成小塊（約 8 杯的量）
- 鹽和新鮮現磨的黑胡椒
- 1 杯酥脆麵包丁
- ½ 杯新鮮現刨的帕瑪乳酪

1. 用大蒜瓣的切面塗抹大碗的內側。

2. 小型醬汁鍋煮水，沸騰後轉小火，使之溫和冒泡。用湯匙把蛋輕輕放入鍋內，煮 60~90 秒後取出。冷卻後把蛋打到碗裡，若蛋殼上黏著蛋白，可用湯匙挖。

3. 用叉子把蛋打散，一邊攪打，一邊依序慢慢淋入檸檬汁、橄欖油，隨後再加入鯷魚和渥斯特黑醋醬。用叉子把鯷魚壓碎一點，然後再混合為淋醬。

4. 加入萵苣葉，輕拌均勻。夾片拌好的菜葉嘗嘗味道，再撒入一點鹽和大量胡椒，喜歡的話也可以多加一點渥斯特黑醋醬，再輕拌均勻。放上酥脆麵包丁和帕瑪乳酪，最後輕拌一次即成。

雞蛋太燙而無法處理？可以先沖沖冷水再剝開。

碗內抹上蒜汁 這個技巧（要先把蒜瓣切半）是要為淋醬添點大蒜風味。

加入微熟蛋 蛋熟得不均勻，就拿湯匙刮，把所有蛋白都放進碗裡。

這種溫熱但沒有完全煮熟雞蛋的過程，稱為「文火煮」（coddling）。

打散雞蛋作淋醬 加入檸檬汁和橄欖油時持續攪打，你會得到滑順、很像美乃滋的淋醬。

極簡小訣竅

▶ 酥脆麵包丁在這裡非常重要，一定要自己做，其實就像烤麵包一樣簡單。

▶ 這種淋醬做好以後不能保存，不過作法實在很簡單，馬上就可以做出一堆。

▶ 如果很怕吃生蛋，可跳過步驟 **2**，用 ⅓ 杯嫩豆腐取代雞蛋，在步驟 **3** 一開始放入碗裡就好。

▶ 渥斯特黑醋醬加「少量」的意思是幾滴，也就是拿著瓶子在淋醬上方甩幾下，攪進淋醬裡，嘗嘗味道再決定是否多加幾滴。

變化作法

▶ **把凱薩沙拉變成主菜**：超級簡單，特別是手邊有隔夜菜的話。這裡有幾種作法：

1. 在步驟 **3** 把漬鮪魚罐頭瀝乾，將鮪魚輕輕拌進淋醬裡。

2. 在拌好的沙拉上面放置 240~360 克的烤雞胸肉片、切絲的烤雞肉，或熟蝦仁或蟹肉塊。

3. 如果要做輕食，不妨拿 1 條中型櫛瓜切成小塊加進去，並加入 1 杯瀝乾的煮熟白豆或罐頭白豆。

延伸學習

辣味捲心菜
沙拉

Spicy Coleslaw

時間：1½ 小時（多數時間無需看顧）

分量：8 人份

我做涼拌捲心菜沙拉喜歡不加美乃滋，這樣非常美味。奶油口味也別錯過了！

- 2 大匙第戎芥末醬，可依喜好多加
- 2 大匙新鮮檸檬汁，可依喜好多加
- 1 茶匙大蒜末
- 1 大匙切碎的新鮮辣椒（像是哈拉貝紐辣椒），可依喜好多加，非必要
- ¼ 杯蔬菜油
- 1 顆中型的大白菜（約 700 克）
- 1 個大型的紅燈籠椒，去核、去籽，切丁
- 4 根中等大小的青蔥，切碎
- 鹽和新鮮現磨的黑胡椒
- ¼ 杯切碎的新鮮歐芹葉，裝飾用

1. 芥末醬、檸檬汁、大蒜和辣椒在大碗裡攪拌均勻。一次淋一點油，過程中不斷攪拌就會融合在一起，漸漸乳化（或用果汁機把各個成分打成泥狀，再倒進大碗）。

2. 修整或撥掉外層菜葉，用削皮小刀切除梗心。換用主廚刀把大白菜剖半或四等分，然後將每一大塊切成薄片，這些切片自然就變成菜絲。也可用食物調理機切絲或刨絲。

3. 將大白菜、燈籠椒和青蔥放入大碗輕拌至全部混合。撒一點鹽和黑胡椒後冷藏至少 1 小時，讓風味變得圓熟，並使大白菜變軟出汁（可以冷藏更久到 24 小時。先用保鮮膜包住碗口，最後會有一些水積在碗底）。上桌前，再輕拌幾下捲心菜沙拉與一些歐芹，嘗嘗味道，需要的話多加一些芥末醬、辣椒、檸檬、鹽或胡椒調味。

這是處理任一種甘藍菜最簡單的方法，即使最後葉子要切成小塊也都適用。

切除梗心 1 要去心，又要保持菜葉完整，可用削皮小刀沿著梗心邊緣斜刀鑿出圓錐形，再用刀子透過槓桿作用把梗心拉出來。

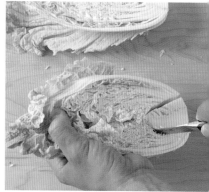

切除梗心 2 大白菜先用主廚刀剖半，在剖面上沿著梗心兩側斜刀鑿切即可切除。

極簡小訣竅

▶ 大白菜差不多像萵苣一樣嫩，不過保有爽脆口感。可以試試皺葉甘藍、高麗菜或紫甘藍，會更清脆。每種都好，只是口感各有不同。

▶ 新鮮的香料植物切碎很快就會凋萎（甚至變黑），特別是與液體混合在一起時。所以，香料植物等到上桌前再加比較好。

變化作法

▶ **奶油口味捲心菜沙拉：**以美乃滋或酸奶油取代部分或全部的油。

▶ **墨西哥式捲心菜沙拉：**以萊姆汁取代檸檬汁，以 2 根中型胡蘿蔔刨成絲取代燈籠椒，並以胡荽取代歐芹。

▶ **蘋果捲心菜沙拉：**如果想要充滿水果風味、清脆爽口的秋天沙拉，可磨碎 2 顆中型的酸蘋果取代燈籠椒。

延伸學習

切末大蒜	S：28
準備辣椒	B4：22
準備燈籠椒	B1：85
準備青蔥	B4：41
切碎香料植物	B1：46

大白菜切絲 大白菜剖半或四等份，主要看你希望菜絲切成多長而定。然後再橫切。

食物調理機刨絲 換上切絲刀盤的食物調理機來處理非常省時。如果希望切成更細緻的口感，可以用刨絲刀盤。a

咖哩鷹嘴豆沙拉

Curried Chickpea Salad

時間：45 分鐘（多數時間不必看顧）
分量：6~8 人份

廣受歡迎的印度風味沙拉，可以存放在冰箱裡隨時享用。

· 1 大匙新鮮萊姆汁，可依喜好多加
· 1½ 茶匙咖哩粉，可依喜好多加
· 2 根青蔥，切碎
· 鹽和新鮮現磨的黑胡椒
· ¼ 杯椰奶，可依喜好多加
· 4 杯煮熟的鷹嘴豆，或將罐頭鷹嘴豆瀝乾
· 1 個大型的紅燈籠椒，去核、去籽並切成小塊
· ½ 杯新鮮或解凍的青豆仁
· ½ 杯切碎的新鮮胡荽葉

1. 萊姆汁、咖哩粉、青蔥、一撮鹽和黑胡椒放入大碗裡混勻，最後把椰奶攪拌進去。

2. 鷹嘴豆、燈籠椒和青豆仁也放入碗裡輕拌到都裹上淋醬汁為止，如果沙拉看起來有點乾，可多加一些椰奶，一次加 1 大匙。

3. 靜置至少 30 分鐘，期間攪拌一、兩次，使淋醬汁均勻散布（或放入冰箱，最多可冷藏 5 天）。上桌前把胡荽攪拌進去，嘗嘗味道、調味並調整濕潤度，喜歡的話加入多一點萊姆汁、椰奶或咖哩粉。冰冰的吃或者放到常溫再吃都可以。

製作淋醬　檸檬汁、調味料和椰奶在碗裡先混勻，再放入其他材料。這樣可少洗一個碗。

取代的油脂　椰奶可作為油的替代品，風味超級濃郁，也帶有微微甜味。可用低脂的椰奶，但淋醬就不會那麼濃稠。

只要把罐頭鷹嘴豆〔右〕
和自煮的豆子擺在一起壓
碎，兩者的質地差異就很
明顯了。

測試鷹嘴豆的熟度　要做成沙
拉的豆子不要煮太久，以免變
糊或裂開。可以拿叉子壓碎幾
顆測試，質地應該像圖片那
樣。

極簡小訣竅

▶ 這種沙拉很適合用罐頭豆來
做，但自煮的鷹嘴豆還是最棒的
選擇，因為風味強烈，也可以依
自己喜好煮硬或煮軟。

變化作法

▶ **搭配米飯或穀類**：在步驟**2**中，
加入最多 1 杯的煮熟米飯或其他
穀類。

▶ **搭配青菜**：上桌前，將鷹嘴豆
與 1~2 杯萵苣、芝麻菜或菠菜
一起輕拌。

▶ **美西風味黑豆沙拉**：用辣椒粉
取代咖哩粉，用橄欖油取代椰
奶，用黑豆取代鷹嘴豆，以及用
玉米粒取代青豆仁。

延伸學習

麥粒番茄
生菜沙拉

Tabbouleh

時間：40 分鐘

分量：4 人份

典型的中東美食，包含大量的香料植物和足夠的布格麥（布格麥）

- ½ 杯碾磨過的中等或粗粒布格麥
- 鹽
- 1¼ 杯沸水
- ⅓ 杯橄欖油，可視需要多加
- ¼ 杯新鮮檸檬汁，可依喜好多加
- 新鮮現磨的黑胡椒
- 2 杯切碎的新鮮歐芹葉和嫩莖
- 1 杯切碎的新鮮薄荷葉
- ½ 杯切碎的青蔥
- 4 顆中型番茄，去蒂、去籽，並切丁

1. 布格麥放進大碗裡，加一撮鹽與沸水攪拌一下。靜置直到布格麥變軟但不爛，約 10~20 分鐘，主要看顆粒粗細而定。如果還有水分沒吸收完，則把布格麥放到濾網裡，用大湯匙的背部在穀粒上壓一壓，盡可能把溢出的水分全都瀝掉。

2. 布格麥倒回碗裡，加入橄欖油、檸檬汁和一撮胡椒。若是事先準備的，就在此步驟後加蓋冷藏（最多 24 小時）。要上桌前，記得先退冰。

3. 出菜前，加入歐芹、薄荷、青蔥和番茄，用叉子輕拌幾下。嘗嘗味道並調味，喜歡的話再加一點橄欖油或檸檬汁即成。

布格麥浸泡之後會膨脹、變軟。

布格麥泡軟 選用耐熱大碗。有些塑膠碗碰到沸水會融化，你不會希望發生這種事。

判斷熟度 布格麥會吸飽水分並膨脹，嘗嘗看，確定是否變軟，但又保有一點嚼勁。

布格麥壓得越乾,就會顯得越蓬鬆(也會吸收更多淋醬汁)。

瀝乾布格麥 浸泡沸水後,如果還有任何水分留在碗裡,則把布格麥移到濾網裡壓一壓,盡可能壓乾一點,但也不要把布格麥壓到掉出孔洞。

極簡小訣竅

▶ 新鮮香料植物是這道沙拉的美味關鍵,要確定歐芹與薄荷真的很新鮮、健康,不要發黃、枯乾或凋萎。這裡可以用上歐芹的嫩莖而不只是葉子,確實很少見,主要是增加清脆的口感和風味。注意只能用連接葉子的嫩莖,不要用連接整束葉子的粗莖。

變化作法

▶ 庫斯庫斯(蒸粗麥粉)也非常適合用來取代布格麥。依相同作法浸泡沸水 5 分鐘後開始檢查熟度(全麥的庫斯庫斯需 10 分鐘)。

▶ **5 種絕佳配料:**於步驟 **3** 加入香料植物的同時也可以加入以下任一種配料。記得補加一點橄欖油和檸檬汁。

1. 1 杯切成小塊的小黃瓜(先削皮並去籽)
2. 1 杯煮熟的鷹嘴豆或白豆,罐頭也行
3. ½ 杯切碎的杏仁
4. ½ 杯剝碎的菲達乳酪
5. ¼ 杯切碎的去核黑橄欖

延伸學習

番茄乳酪
麵包沙拉

Tomato, Mozzarella, and Bread Salad

時間：45 分鐘

分量：4 人份

麵包沙拉遇上番茄和乳酪，就是享負盛名的卡布里沙拉。

- 225 克的義式麵包或法式麵包（約 ½ 條）
- 4 顆中型番茄
- 120 克的新鮮莫札瑞拉乳酪，切成 1.2 公分的丁狀
- ⅓ 杯橄欖油
- 2 大匙巴薩米克醋
- 鹽和新鮮現磨的黑胡椒
- ½ 杯切碎的新鮮羅勒葉

1. 烤箱預熱至 175℃。麵包切片，厚約 2.5 公分，放淺烤盤上進烤箱烤，翻面一、兩次直到酥脆呈現金黃色，約 15 分鐘。麵包放涼備用，也可密封包裝起來，可保存 2 天。

2. 烤麵包的同時，番茄去蒂、切丁，然後把果肉和汁液都倒進大碗。加入莫札瑞拉乳酪、油和醋，撒些鹽和胡椒，輕拌幾次直到混勻。

3. 中型碗裝水，放入烤過的麵包，浸到開始吸水變軟，約 2~3 分鐘。輕輕擠出麵包片的水分，然後剝成小塊放入 2。

4. 將所有食材輕拌混勻再靜置 15~20 分鐘。出菜前輕輕拌入羅勒葉，嚐嚐味道並調味即成。

動作像捏擠海綿，但是輕一點。

適度烘烤麵包　目的是把麵包片烤乾又不要太焦。在這道沙拉中，麵包片應該要略顯金黃且酥脆。

浸濕麵包再擠乾　麵包吸水到不會太濕爛的程度，再取出來（一次兩片）把水擠乾。

剝成小塊　用手指把擠乾的麵包剝成容易入口的小塊。如果剝出一些更小的碎屑也沒關係，那可以讓質地多樣化。

極簡小訣竅

▶ 新鮮的莫札瑞拉乳酪通常做成球形，不是塊狀或長條形。這比熟成的莫札瑞拉乳酪含有更多乳脂也更白，帶有極佳的乳香味。國際連鎖超市可買到袋裝的新鮮莫札瑞拉乳酪，不過如果你家附近有義大利熟食店或雜貨店，說不定可以找到泡在水裡、超級新鮮的莫札瑞拉乳酪，很像品質極佳的菲達乳酪（這道沙拉也可以用菲達乳酪取代）。

▶ 如果要更營養健康一點，可用全穀類麵包。

▶ 要更爽脆的口感，可在烤麵包前先切成方塊狀，烤好後不要吸水，直接加入沙拉。經過步驟 **4** 的靜置，可以多加一點橄欖油。

▶ 如果想添些大蒜風味，可切一瓣大蒜，用切面在麵包片磨上蒜汁再烤麵包。

變化作法

▶ **黎巴嫩麵餅沙拉：**不要用莫札瑞拉乳酪。用 4 個 15 公分大的希臘袋餅取代麵包，把每個袋餅切成 8 個楔形。在步驟 **2** 一開始，加入 1 條切丁的中型小黃瓜（想要的話可先削皮去籽），1 個去核去籽、切丁的紅燈籠椒。最後在步驟 **4** 加入切碎的新鮮歐芹葉以取代羅勒葉。

延伸學習

小茴香
切片沙拉

Shaved Fennel Salad

時間：20 分鐘
分量：4 人份

把蔬菜切得超級薄，會產生絕佳的口感。

- 1 大塊帕瑪乳酪，但不會用到一整塊
- 2 大顆或 3 中顆小茴香球莖（約 700 克）
- 3 大匙橄欖油，可視需要多加
- 1 大匙新鮮檸檬汁，可視需要多加
- 鹽和新鮮現磨的黑胡椒

1. 乳酪先從冰箱拿出來退冰，這樣比較刨得動。修整小茴香球莖的底部、莖幹和羽毛狀的葉子，可保留葉子用作裝飾，其他丟棄。球莖縱切剖半。

2. 先切一半球莖，剖面貼著砧板橫切成薄片，盡你所能切到最薄，然後放進大碗，再切另一半。保留下來的葉子切碎備用。

3. 一隻手抓緊乳酪，用蔬菜削皮器刨成帶狀。稍微斷掉也沒關係，最後要削出 ½ 杯的量。

4. 橄欖油和檸檬汁淋在小茴香薄片上，再撒一點鹽和胡椒。輕拌一下，讓薄片稍微分散。嘗嘗味道並調味，可多加一點橄欖油或檸檬汁。可以把沙拉留在大碗裡，或者移到大淺盤或小盤子裡，上面放帕瑪乳酪刨片和小茴香葉子，然後立刻端上桌。

修整新鮮小茴香 莖幹和堅硬的根部都要切掉。留下一些羽狀的葉子並切碎，最後像使用香料植物一樣當作裝飾。

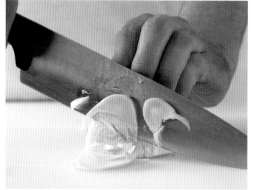

刀切薄片 用彎曲的手指把小茴香球莖壓穩，小心不要碰到刀刃。慢慢切，用鋒利的主廚刀果決往下切，盡可能切薄。

這需要練習，若沒有削成漂亮的薄片也沒關係。

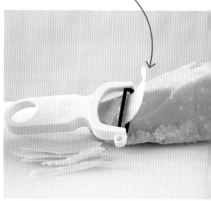

硬乳酪削薄片 這和削馬鈴薯皮的動作是一樣的。

極簡小訣竅

▶ 小茴香球莖請挑白淨結實、沒有髒點的。用塑膠袋鬆鬆包住，最多可冷藏 1 週。

▶ 使用食物刨削器來切薄片會簡便許多。物美價廉的食物刨削器有個塑膠把手搭配陶瓷刀刃或金屬刀刃，切片效果就像四面刨絲器一樣好。如果你喜歡吃生菜，這是很值得的投資，因為你會做更多像這樣的沙拉。

變化作法

▶ 如果找不到（或不喜歡）小茴香，可用西洋芹。45 度斜切就能切出長薄片。以剝碎的菲達乳酪取代帕瑪乳酪來搭配西洋芹很不錯。

▶ 適合的其他蔬菜：鈕扣菇、櫻桃蘿蔔、櫛瓜或歐洲防風草塊根的任一種（幾種組合在一起也可以）都可取代這道食譜裡的小茴香。需要的話先修整、削皮，如果體積太大，可以像小茴香一樣先剖半再切薄片。

延伸學習

地中海
馬鈴薯沙拉

Mediterranean Potato Salad

時間：45 分鐘（用預先煮熟的蛋）
分量：4 人份

我做這種沙拉喜歡加芥末油醋醬，並使用經典的尼斯沙拉食材。

- 450 克的蠟質馬鈴薯或萬用馬鈴薯，削皮並切成 2.5 公分丁狀
- 鹽
- 225 克四季豆，修整並切成 2.5 公分小段
- 2 大匙任何一種酒醋，可視需要多加
- ½ 杯橄欖油，可視需要多加
- 1 茶匙大蒜末
- 1 小顆紅蔥，切成碎末
- 1 茶匙第戎芥末醬
- 新鮮現磨的黑胡椒
- 2 顆全熟水煮蛋，切片或切丁
- ½ 杯去核的黑橄欖，切碎
- 470 毫升玻璃杯的小番茄，剖半

1. 大湯鍋放入馬鈴薯與水，水要高過馬鈴薯 3 公分以上。加入一大撮鹽，把水煮滾後轉小火，讓水溫和冒泡。馬鈴薯煮到開始變軟，約 5~7 分鐘，然後放入四季豆。

2. 繼續煮到馬鈴薯熟軟，但仍然結實、沒有糊掉，四季豆也呈現亮綠色，吃起來爽脆軟嫩，約 3~5 分鐘。然後用濾盆瀝乾，泡冷水 1 分鐘後再瀝乾。

3. 煮馬鈴薯時，把醋、油、大蒜、紅蔥、芥末醬、一點鹽和胡椒放進大碗拌勻。放入 2，再放入蛋、橄欖和番茄，輕拌混合，嘗嘗味道並調味即成。

讓水溫和冒泡，並時時測試馬鈴薯的熟度。

要等到馬鈴薯變軟，即使四季豆有一點軟也沒關係，生脆的馬鈴薯不好吃。

何時加入四季豆？ 你能把刀子輕鬆插入一塊馬鈴薯，但又還沒熟，這時就可以加入四季豆了。

準備瀝乾 馬鈴薯應該要煮到剛好很軟、不再生脆，而四季豆則要全部爽脆軟嫩並呈現亮綠色。

極簡小訣竅

▶ 蠟質馬鈴薯（有薄薄紅皮或白皮的品種）很適合做沙拉（一般是拿來水煮），因為與澱粉含量較高的馬鈴薯相比，蠟質馬鈴薯比較容易維持形狀。像育空黃金馬鈴薯這種萬用馬鈴薯也是很好的第二選擇。用粉質馬鈴薯則要有心理準備，口感會有點碎爛。

▶ 希望讓口感乾爽一點，可把瀝乾的馬鈴薯和四季豆放回空的熱湯鍋靜置幾分鐘，讓餘熱蒸掉水分。

變化作法

▶ **美式馬鈴薯沙拉：**其他材料全部不用，只用馬鈴薯、鹽和胡椒，且把馬鈴薯的用量增加到約 700 克。依步驟 **1** 和 **2** 把馬鈴薯準備好並煮熟（不加四季豆）。水煮馬鈴薯的時候，把 ½ 杯美乃滋、3 大匙任何一種酒醋、一些鹽和胡椒放入大碗內拌勻，再把微溫且瀝乾的馬鈴薯放入淋醬內輕拌，再加入切丁的 2 根芹菜莖及 ¼ 杯青蔥，喜歡的話可用切碎的新鮮歐芹葉作裝飾，或放入冰箱冷藏 1 天。

▶ **傳統尼斯沙拉：**同步驟 **1** 至 **2**，在步驟 **3** 用小碗或果汁機製作淋醬。將已撕好的 6 杯各種萵苣葉均分到 4 個盤子裡，放上馬鈴薯、四季豆、蛋、橄欖、番茄與 200 克的罐頭鮪魚（最好是橄欖油漬）。淋上淋醬，然後端上桌。

延伸學習

溫熱菠菜沙拉佐培根

Warm Spinach Salad with Bacon

時間：30~40 分鐘

分量：4 人份

豐腴、濃郁、美味，特別是醬汁會稍微溫熱菠菜。

- 2 大匙橄欖油
- 225 克厚切培根，切成 2.5 公分丁狀
- 1 大顆紅蔥或小的紅洋蔥，切丁
- 8 杯撕成小塊的菠菜葉
- ¼ 杯任何一種酒醋，可依喜好多加
- 1 茶匙第戎芥末醬，可依喜好多加
- 鹽和新鮮現磨的黑胡椒

1. 油放入中型長柄平底煎鍋，開中火燒熱，放入培根，邊煎邊翻動，直到酥脆微焦，約 8~12 分鐘。加入紅蔥炒到變軟，需 1~2 分鐘。轉小火保溫，但注意不要煮過頭。

2. 同時用熱水注入大碗靜置 1 分鐘，讓碗溫熱。水倒掉後碗擦乾，再放入菠菜。

3. 醋和芥末醬放入煎鍋，轉中大火，邊攪拌煮滾。嘗嘗醬汁的味道，並加鹽（不要太多）和很多黑胡椒，喜歡的話可以多加一點醋或芥末醬。如果醬汁太濃稠，可多加幾滴水。

4. 把滾燙的醬汁淋上菠菜，輕拌一下，讓菠菜變軟即成。

一邊攪拌並注意火力，不要讓培根和紅蔥燒焦。

如果不想讓菠菜太軟，可以把醬汁放涼一點，但也不要太涼，否則油脂會凝固。

煎煮培根 培根切丁油煎，這樣可讓培根酥脆，培根的油脂也會和橄欖油融合，增添風味。

加入紅蔥 加入紅蔥時，培根應該變得很酥脆了。再煮 1~2 分鐘，讓培根更有嚼勁。

完成醬汁 在煎鍋內加入醋和芥末醬後，培根的油脂就變成醬汁的一部分。醬汁應該還很燙，可讓菠菜葉變軟。

極簡小訣竅

▶ 選購預算內品質最佳的厚切培根，最好是天然煙燻、不含太多化學添加劑。「厚切」的意思是沒有事先切成薄片且帶有硬豬皮。如果只有已經切片的培根，就選最厚的。

變化作法

▶ 培根萵苣番茄沙拉：以萵苣取代菠菜，並省略步驟 **2** 的溫碗程序。醬汁冷卻後淋到沙拉上，最後一刻加入 2 顆成熟、事先切丁的大番茄。

▶ **5 種其它變化：**

1. 用芝麻菜、闊葉苣菜、綠捲鬚苦苣或切絲的大白菜取代菠菜。

2. 每一盤都搭配水波蛋或煎蛋。

3. 香煎肉腸取代培根：把肉腸從薄膜中擠出來煎，或先切丁再煎。

4. 用煎火腿或義式乾醃火腿取代培根：都切成 1.5 公分丁狀。

5. 步驟 **3** 要加入醋時，同時加入 2 杯小番茄，但不加芥末醬，醋也減到 3 大匙。

延伸學習

13 種場合的菜單準備

做自己想做的菜

要列出一餐的組合時，我不會拘泥於一般的慣例。我總是主張：「就吃你喜歡的！」這個方法對初學者而言真是一大福利，畢竟要擔心的大小事實在太多。也因此，這本書把重點放在單一菜色，而不是菜單之類的東西，唯一的例外是基礎的上菜建議。

話說回來，某些指引對擬定菜單還是很有用，特別是要請客、準備一頓大餐的時候。這裡的各種組合可以給你一些想法，不妨由此開始。若不熟悉各道食譜作法，可參照每道菜後面所標示的《極簡烹飪教室》分冊頁次。

營養是飲食的核心，因此擬定菜單時，最少要花費一些心思去留意「平衡飲食」，也就是涵括多種食物。但要吃得好，不必非得是營養學家不可，只要稍微注意風味、質地和色彩等方面的組合，且從最新鮮、加工最少的食材著手，就可以吃得營養，也能夠盡情享用。

有一個重點永遠值得留意：菜餚可以趁熱上桌，也可以放到室溫再吃。關於平常用餐及宴客的時候如何擬定菜單，還可參考本書 38 頁及本系列特別冊〈廚房黃金準則〉。

週末早餐的手作菜單

以一道菜為主。也許再搭些肉類，再切一點水果。

· 洋蔥乳酪烤蛋（B1：30）
· 早餐的肉類（B1：11）

豐盛早午餐的手作菜單

如果你做了香蕉麵包、切點鳳梨，而且前一天晚上為香腸準備了燈籠椒和洋蔥，就可以睡得飽飽，等到太陽曬屁股再把所有材料組合起來。

· 切鳳梨（B5：59）
· 洋蔥乳酪烤蛋（B1：30）
· 燈籠椒炒肉腸（B4：34）
· 燒烤或炙烤番茄（B3：66）
· 香蕉麵包（B5：26）

在家用午餐的手作菜單

只要可以搭配沙拉，就一定不會錯。也可以只做一大碗沙拉或熱湯之類的。

· 青花菜肉腸義大利麵（B3：20）
· 碎丁沙拉（B1：84）
· 一條好麵包（B5：10）

或下列這一組……

· 味噌湯（B2：54）
· 亞洲風味沙拉（B1：79）
· 原味的蕎麥麵或烏龍麵條（B3：28）

一群人共進午餐的手作菜單

舉辦午餐派對的壓力會比一群人準備豪華晚宴還要小，特別是對新手主廚來說，但可以同樣令人讚歎。所有菜餚（甚至捲心菜沙拉）都可以在一、兩天前準備好，需要的話再重新加熱。這一餐可以讓大家坐著享用，也可以採取自助形式。

· 香料植物蘸醬（B1：46）
· 藍紋乳酪焗烤花椰菜（B3：86）
· 烘烤燈籠椒（B1：66）
· 鷹嘴豆，普羅旺斯風味（B3：94）
· 軟透大蒜燉雞肉（B4：68）
· 奶油餅乾（B5：54）

兩個人野餐的手作菜單

很棒的野餐只需要一個保冰桶就夠了。如果野餐地點不遠，甚至連保冰桶都不需要。我喜歡讓野餐很隨意，但是氣氛要好，所以請帶真正的盤子、玻璃杯、叉子、紙巾，並準備桌布或鋪巾，鋪在野餐桌或地面上。如果是臨時的小型野餐，隔夜菜是最好的方法。假如你不想準備這整套菜單，可以用手邊現有的東西取代，有什麼就吃什麼。

- 烤雞肉塊，吃冷食（B4：66）
- 地中海馬鈴薯沙拉（B1：98）
- 燕麥巧克力脆片餅乾（B5：52）

辦公室午餐的手作菜單

帶前一天做的隔夜菜，沒有什麼比這個更棒。

每日晚餐的手作菜單

不必做得比午餐更豪華或更豐富。也許可以加上點心。

- 雞肉片佐快煮醬汁（B4：58）
- 迷迭香烤馬鈴薯（B3：64）
- 清蒸蘆筍（B3：60）
- 桃子（或其他水果）脆餅（B5：60）

每日蔬食晚餐的手作菜單

現在很多人開始試著一週至少騰出一晚不吃肉，這真的不難做到！

- 西班牙風味小扁豆配菠菜（B3：96）
- 米飯（B3：34）
- 楓糖漿蜜汁胡蘿蔔（B3：68）
- 覆盆子雪酪（B5：70）

室內烤肉派對的手作菜單

隆冬時分讓家裡充滿夏日氣息是最棒的。邀請一些人來家裡，辦場派對吧！

- 快速酸漬黃瓜（B1：56）
- 辣味捲心菜沙拉（B1：88，把食譜放大成 2 倍的量）
- 煙燻紅豆湯（B2：60）
- 炭烤豬肋排（B4：42）
- 玉米麵包（B5：24）
- 椰子千層蛋糕（B5：76）

義式麵食派對的手作菜單

我不是很喜歡把義式麵食做成沙拉，因為冷的時候嚼起來有點累。不過有些義式麵食在常溫下非常美味，所以這套菜單很適合用來宴客。策略是這樣的：前幾天預先烤好餅乾；一天前把義式千層麵的材料組合起來，並預先準備好所有蔬菜，全部放進冰箱冷藏。客人預計到達的 1 小時前把義式千層麵從冰箱裡拿出來；煎蘑菇，把烤盤放入烤箱。趁著烤千層麵時，準備好其他義式麵食，並拌些沙拉。然後以熱騰騰的千層麵為主菜，其他菜餚當「配菜」。

- 凱薩沙拉（B1：86，需要的話，食譜分量可增至 2 或 3 倍）
- 肉醬千層麵（B3：26）
- 青醬全麥義大利麵（B3：22）
- 青花菜義式麵食（B3：21）
- 煎煮蘑菇（B3：70）
- 榛果口味的義式脆餅（B5：58）

家常煎魚的手作菜單

非常適合週六的晚餐，或任何一天的晚餐也很棒。別出心裁的亞洲風味也讓這一餐格外適合聚餐。

- 酥脆芝麻魚片（B2：18）
- 生薑炒甘藍（B3：62）
- 米飯（B3：34）
- 爐煮布丁（B5：66）

餐廳水準的晚餐派對手作菜單

有好幾種形式可以選擇，不妨從最複雜的開始：一道道菜陸續上桌，一盤裝 1 人份。也可以採取家庭聚餐形式。或設置成自助取餐方式。

- 義式烤麵包（B1：58~61）
- 輕拌蔬菜沙拉（B1：78）
- 香料植物烤豬肉（B4：38）
- 蘑菇玉米糊（B3：52）
- 酥脆紅蔥四季豆（B3：78）
- 巧克力慕斯（B5：68）

雞尾酒派對的手作菜單

把預先做好的食物擺成豐盛的自助餐形式，看起來是最簡單的方法，而且菜餚的數量也可以很有彈性。就讓每道菜的分量幫助你估計可以讓多少人吃飽，需要的話可以把食譜的分量變成 2、3、4 倍，然後把所有菜餚的份數加總起來，於是你準備的總量會比全部的人數稍微多一點。

舉例來說，如果你邀請 20 人，則預估的總量是 30 份。不需要讓每一道菜都足夠所有人吃，假如你很有雄心壯志（而且樂於忙個不停），不妨做些一直要待在廚房裡看著的菜，讓客人到處閒逛。

- 甜熱堅果（B1：43）
- 義式開胃菜，依照你的喜好組合搭配（B1：38）
- 魔鬼蛋（B1：62）
- 鑲料蘑菇（B1：68）
- 烘烤奶油鮭魚（B2：20）
- 辣醬油亮烤雞翅（B4：65）
- 油炸甘薯餡餅（B1：72）
- 布朗尼蛋糕（B5：48）

極簡烹飪技法速查檢索

如果擁有一整套的《極簡烹飪教室》，當你需要更熟練某一種技巧，或是查詢某食材的處理方法，便可從本表反向查找到遍布全系列各冊中，列有詳細解說之處。

準備工作

清洗
基礎課程 S:22
沙拉用的青菜 B1:77
穀類 B3:34,44
豆類 B3:90

握刀的方法
基礎課程 S:23

修整
同時參考下一頁的「準備蔬菜」
基礎課程 S:24 / B5:58
從肉塊切下脂肪 B4:48

去核
基礎課程 B1:48,88 / B5:58

削皮
同時參考下一頁的「準備蔬菜」
基礎課程 S:25 / B5:61

去籽
基礎課程 B1:52 / B5:61

刀切
同時參考「準備蔬菜」和「準備水果」對於切法、切成小塊和切片的詳細描述
基礎課程 S:26
肉類切成小塊 B4:24,46
雞肉切成小塊 B4:60,66

雞翅 B4:64
剁開整隻雞 B4:80
魚切成魚片 B2:14

切成小塊
基礎課程 S:27
洋蔥 S:27
堅果 S:27

切碎
基礎課程 S:28
大蒜 S:28
辣椒 B4:22
薑 B3:62

切片
基礎課程 S:29
把帕瑪乳酪刨成片 B1:96
把蔬菜刨成片 B1:96

肉類
切向與肉質紋理垂直 B4:16,27
頂級肋眼（從骨頭切下） B4:20
豬肉 B4:38
羊腿 B4:49
切開烤火雞 B4:85
麵包 B5:10

切絲
基礎課程 B1:89

刨碎

乳酪 B3:14
用手刨碎蔬菜 B3:30,80
食物調理機刨絲 B1:89

絞肉
肉類 B4:14
蝦子或魚 B2:36
麵包粉 B5:14

測量
基礎課程 S:30,31

調味
基礎課程 S:20
蔬菜 B3:56
直接在鍋子裡 B3:65 / B4:36
肉塊 B4:20,42
炒香辛香料 S:21
雞皮下面 B4:67
為漢堡排、肉餅和肉丸調味的混合物 B4:14,30
剝碎番紅花 B4:72

準備蔬菜
蘆筍 B3:60
酪梨 B1:52
燈籠椒 B1:85
青花菜 B3:20
甘藍 B1:88
胡蘿蔔 B1:84 / B3:68
花椰菜 B3:86
芹菜 B1:44,84
辣椒 B4:22
玉米 B2:70 / B3:76

小黃瓜 B1:56,85
切碎堅果 S:27
茄子 B3:84
小茴香 B1:96
大蒜 S:28 / B3:87
薑 B3:62
四季豆 B3:78
可以烹煮的青菜 B2:74 / B3:58
沙拉用的青菜 B1:77
蘑菇 B1:68 / B3:52,70
洋蔥 S:27 / B3:72
馬鈴薯 B3:64
青蔥 B4:41
甘薯 S:26 / B1:72 / B3:80
番茄 B1:48 / B3:66
冬南瓜 B3:82

準備水果
基礎課程 B5:58
蘋果 B5:82
切碎堅果 S:27

準備香料植物
從莖上摘取葉子 B1:46 / B2:51 / B3:22
切碎 B1:46

準備肉類
修整脂肪 S:24 / B4:48
從骨頭切下肉 B2:61,64 / B4:79
把肉切塊 B4:24,46
切成翻炒用的肉片 B4:16

把牛排擦乾 B4:12
為肉類調味 S:20 / B4:20,36,38

準備家禽肉
修整脂肪 B4:52
把雞肉擦乾 B4:52
捶打無骨雞肉 B4:54
把雞肉切塊 B4:56,62
從雞皮底下調味 B4:67
把雞翅切開 B4:64
剁開整隻雞 B4:80

準備海鮮
切魚片 B2:14
蝦子剝殼 B2:26
修整整條魚 B2:22
去除貝類的鬍唇 B2:34

為烹煮食物沾裹麵衣
沾裹麵粉 B1:71 / B3:85 / B4:58,74 / B2:22
沾裹麵包粉 B3:85 / B4:60 / B2:15
沾裹奶蛋糊 B2:40

烹飪技巧

重要名詞中英對照

（一種特殊品牌食品）果醬餡餅	Pop-Tart
丁香	clove
大白菜	Napa Cabbage
大塊蟹身白肉	jambo lump
小片脆烤麵包	crostini
小豆蔻	cardamom
小扁豆	lentil
小茴香	fennel
布格麥、布格麥	bulgur
山羊乳酪	goat cheese
山杏	apricot
切達乳酪	cheddar cheese
巴薩米克醋	balsamic vinegar
戈根索拉乳酪	Gorgonzola
手動打蛋器	whisk
文火煮	coddling
日式麵包粉	panko
月桂葉	bay leaf
木本堅果	tree nut
比利時苦苣	Belgian endive
水田芥	watercress
水波蛋	poached egg
水菜	mizuna
主廚刀	chef's knife
冬南瓜	winter squash
半乳鮮奶油	half-and-half cream
卡布里沙拉	Caprese salad
卡宴辣椒	cayenne
可提亞乳酪	Cotija
四面刨絲器	box grater
尼斯沙拉	salade Niçoise
玉米粉	cornmeal
玉米麵包	cornbread
瓦哈卡乳酪	Oaxaca cheese
甘藍	cabbage
白豆	white bean
白胡桃瓜	butternut squash
白蘿蔔	daikon
多香果	allspice
安定劑	stabilizer
百里香	thyme
羽衣甘藍	kale
肉豆蔻	nutmeg
肉桂粉	ground cinnamon
低脂鮮奶油	light cream
孜然	cumin
希臘袋餅	pita
希臘菲達羊酪	feta cheese
育空黃金馬鈴薯	Yukon gold potato
豆薯	jicama
赤褐馬鈴薯	russet potato
兩面煎的半熟蛋	over-easy egg
咖哩粉	curry powder
帕瑪乳酪	Parmesan cheese
明膠	gelatin
果汁機	blender
油炸餡餅	fritter
油醋醬	vinaigrette
法式奶油麵包	brioche
法國棍子麵包	baguette
波士頓萵苣	Boston lettuce
波布拉諾辣椒	Poblano
炙烤	broiling
炙烤爐	broiler
芝麻菜	arugula
芝麻醬	tahini
花椰菜	cauliflower
芳汀那乳酪	Fontina cheese
芹菜根	celery root
青花菜	broccoli
青醬	pesto
削皮小刀	paring knife
哈拉貝紐辣椒	Jalapeno

柑橘莎莎醬	citrus salsa		雪豆	snow pea
洋香瓜 / 哈密瓜	cantaloupe		雪莉酒醋	Sherry vinegar
紅洋蔥	red onion		麥粒番茄生菜沙拉	tabbouleh
紅蔥	shallot		傑克乳酪	Jack cheese
美式粗玉米粉	grit		凱薩沙拉	Caesar Salad
美式煎餅	pancake		朝鮮薊	artichoke
美洲山核桃	pecan		植物膠	gum
胡荽	cilantro		渥斯特黑醋醬	Worcestershire sauce
食物刨削器	mandoline		焦糖化	caramelized
食物調理機	food processor		猶太辮子麵包	challah
香莢蘭精	vanilla extract		發泡鮮奶油	whipping cream
庫斯庫斯	couscous		發粉	baking powder
核桃	walnut		紫甘藍	red cabbage
格呂耶爾乳酪	Gruyere/Gruyère		酥脆麵包丁	crouton
格蘭諾拉什錦燕麥片	granola		鈕扣菇	button mushroom
烏賊	squid		開心果	pistachio
烘焙馬鈴薯	baking potato		黑豆	black bean
烤麵包片	rostini		塔巴斯克辣椒醬	Tabasco sauce
特級初榨橄欖油	extra virgin olive oil		奧勒岡	oregano
粉質馬鈴薯	starchy potato		椰子粉	shredded coconut
迷迭香	rosemary		煎煮	pan-cooked
高脂鮮奶油	heavy cream		煙燻紅辣椒粉	smoked paprika
高麗菜	green cabbage		瑞士什錦麥片	muesli
乾辣椒碎片	crushed red pepper		瑞可達乳酪	ricotta
培根萵苣番茄沙拉	BLT salad		碎橙皮	orange zest
密露瓜	honeydew		碎燕麥粒	steel-cut oats
卡門貝爾乳酪	Camembert		碎檸檬皮	lemon zest
捲心菜沙拉	coleslaw		義大利波伏洛乳酪	Provolone
捲心萵苣	iceberg lettuce		義式風乾牛肉	Bresaola
淺煎鍋	griddle		義式風乾豬肉腸	capicola
焗烤盤	gratin plate		義式烤麵包	bruschetta
球莖甘藍	kohlrabi		義式乾醃火腿	prosciutto
甜豆	sugar snap pea		義式蛋餅	frittata
甜菜	beet		義式開胃菜	antipasto
甜菜葉	beet green		義式薩拉米肉腸	salami
第戎芥末	Dijon-style mustard		腰果	cashew
細葉香芹	chervil		萬用馬鈴薯	all-purpose potato
莎莎醬	salsa		葉紫菊苣	radicchio
莫札瑞拉乳酪	Mozzarella		農家乾酪（含小塊的白色軟乾酪）	cottage cheese

酪梨沙拉醬	guacamole	黎巴嫩麵餅	Lebanese bread
鼠尾草	sage	橡葉萵苣	oak leaf lettuce
榛果	hazelnut	燈籠椒	bell pepper
綜合生菜	mesclun	燕麥	oatmeal
綠捲鬚苦苣	frisee	燕麥片	rolled oat
綠番茄	tomatillo	蕪菁	turnip
蒔蘿	dill	蕪菁甘藍	rutabagas (Brassica napus)
蒙契格乳酪	manchego	融化型乳酪	melting cheese
蒜味蝦	scampi	靜置時間	resting time
蒲公英葉	dandelion greens	龍蒿	tarragon
辣椒粉	chili powder	櫛瓜	zucchini
酸奶油	sour cream	闊葉苣菜	escarole
酸豆	caper	鮮奶油	cream
酸漬	pickle	濾鍋	colander
酸麵團	sourdough	羅勒	basil
鳳梨椰汁	piña colada	藜麥	quinoa
墨西哥玉米片	nachos	蟹身白肉塊	lump
墨西哥玉米脆片	tortilla chip	蟹餅	crab cake
墨西哥式鮮乳酪	queso fresco	蘋果醋	cider vinegar
墨西哥豆泥	refried bean	鯷魚	anchovy
墨西哥乳酪煎餅	quesadilla	麵包沙拉	panzanella
墨西哥薄餅	tortilla	麵包粉	bread crumb
墨西哥麵粉薄餅	flour tortilla	櫻桃蘿蔔	radish
摩特戴拉香腸	mortadella	蠟質馬鈴薯	waxy potato
摩德納傳統巴薩米克醋		魔鬼蛋	deviled egg
	aceto balsamico tradizionale di Modena	蘿蔓萵苣	romaine Lettuce
歐芹	parsley	鷹嘴豆	chickpea
歐洲防風草塊根	parsnip	鷹嘴豆泥醬	hummus
熟成乳酪	aged cheese		
皺葉甘藍	savoy cabbage		
穀片粥	hot cereal		
蔓越莓	cranberry		
蔬果昔	smoothie		
蔬菜油	vegetable oil		
蔬菜脫水器	salas spinner		
蔬菜棒	crudités		
蝦夷蔥	chive		
醃泡	marinated		
黎巴嫩麵包沙拉	fattoush		

換算測量單位

必備的換算單位

體積轉換為體積

3 茶匙	1 大匙
4 大匙	¼ 杯
5 大匙加 1 茶匙	$1/^3$ 杯
4 盎司	½ 杯
8 盎司	1 杯
1 杯	240 毫升
2 品脫	960 毫升
4 夸特	3.84 升

體積轉換成重量

¼ 杯液體或油脂	56 克
½ 杯液體或油脂	112 克
1 杯液體或油脂	224 克
2 杯液體或油脂	454 克
1 杯糖	196 克
1 杯麵粉	140 克

公制的概略換算

測量單位

¼ 茶匙	1.25 毫升
½ 茶匙	2.5 毫升
1 茶匙	5 毫升
1 大匙	15 毫升
1 液盎司	30 毫升
¼ 杯	60 毫升
$1/^3$ 杯	80 毫升
½ 杯	120 毫升
1 杯	240 毫升
1 品脫（2 杯）	480 毫升
1 夸特（4 杯）	960 毫升（0.96 升）
1 加侖（4 夸特）	3.84 升
1 盎司（重量）	28 克
¼ 磅（4 盎司）	114 克
1 磅（16 盎司）	454 克
2.2 磅	1 公斤（1,000 克）
1 英寸	2.5 公分

烤箱溫度

描述	華氏溫度	攝氏溫度
涼	200	90
火候非常小	25	120
小火	300–325	150–160
中小火	325–350	160–180
中火	350–375	180–190
中大火	375–400	190–200
大火	400–450	200–230
火候非常大	450–500	230–260

How to Cook Everything the Basics:
All You Need to Make Great Food

《極簡烹飪教室》
系列介紹

　　人人皆知在家下廚的優點，卻難以落實於生活中，讓真正的美好食物與生活同在。這其實都只是欠缺具組織系統的教學、富啟發性的點子，以及深入淺出的指導，讓我們去發掘自己作菜的潛能與魔力。《極簡烹飪教室》系列分有 6 冊，在這 6 冊中，將可以循序漸進並具系統性概念，且兼顧烹飪之樂與簡約迅速的原則，從 185 道經典的跨國界料理出發，實踐邊做邊學邊享受的烹飪生活。

— Book 1 —
早餐、點心與沙拉
44 道難度最低的早餐輕食，起步學作菜。

極簡烹飪教室 1：早餐、點心與沙拉
Breakfast, Appetizers and Snacks, Salads
ISBN　978-986-92039-7-5　定價　250

— Book 2 —
海鮮、湯與燉煮類
30 道快又好做的料理，穩扎穩打建立自信心。

極簡烹飪教室 2：海鮮、湯與燉煮類
Seafood, Soups and Stews
ISBN　978-986-92039-8-2　定價　250

— Book 3 —

米麵穀類、蔬菜與豆類

37 道撫慰人心的經典主食，絕對健康營養。

極簡烹飪教室 3：米麵穀類、蔬菜與豆類

Pasta and Grains, Vegetables and Beans

ISBN 978-986-92039-9-9 定價 250

— Book 5 —

麵包與甜點

收錄 35 道經典百搭的可口西點。

極簡烹飪教室 5：麵包與甜點

Breads and Desserts

ISBN 978-986-92741-1-1 定價 250

— Book 4 —

肉類

35 道風味豐富的進階料理，準備大展身手。

極簡烹飪教室 4：肉類

Meat and Poultry

ISBN 978-986-92741-0-4 定價 250

— 特別冊 —

廚藝之本

新手必備萬用指南，打造精簡現代廚房。

極簡烹飪教室：特別本

Getting Started

ISBN 978-986-92741-2-8 定價 120

極簡烹飪教室 1　早餐、點心與沙拉

How to Cook Everything The Basics:
All You Need to Make Great Food
— Breakfast, Appetizers and Snacks, Salads

作者　　　馬克‧彼特曼 Mark Bittman

譯者　　　王心瑩

編輯　　　郭純靜

副主編　　宋宜真

行銷企畫　陳詩韻

總編輯　　賴淑玲

封面設計　謝佳穎

內頁編排　劉孟宗

社 長　　郭重興

發行人　　曾大福

出版總監　曾大福

出版者　　大家出版

發 行　　遠足文化事業股份有限公司

　　　　　231 新北市新店區民權路 108-4 號 8 樓

　　　　　電話 (02)2218-1417　傳真 (02)8667-1851

　　　　　劃撥帳號 19504465　戶名 遠足文化事業有限公司

法律顧問　華洋法律事務所　蘇文生律師

定 價　　250 元

初版　　　2016 年 3 月

國家圖書館出版品預行編目 (CIP) 資料

極簡烹飪教室 .1, 早餐、點心與沙拉 / 馬克‧彼特曼 (Mark Bittman) 著，王心瑩譯．
─ 初版．─ 新北市：大家出版：遠足文化發行，2016.03
面；公分；譯自：How to cook everything the basics : all you need to make great food
ISBN 978-986-92039-7-5(平裝)
1. 食譜
427.1　　　104029143